掌尚文化

SALUTE & DISCOVERY

致敬 与 发现

北京市低碳城市建设
目标与政策

The Goal and Policy of Low Carbon City in Beijing

| 单吉堃 著 |

经济管理出版社
ECONOMY & MANAGEMENT PUBLISHING HOUSE

图书在版编目（CIP）数据

北京市低碳城市建设目标与政策 / 单吉堃著 . —北京：经济管理出版社，2020.9
ISBN 978-7-5096-7371-3

Ⅰ.①北… Ⅱ.①单… Ⅲ.①节能—生态城市—城市—建设—研究—北京 Ⅳ.① X321.21

中国版本图书馆 CIP 数据核字（2020）第 152460 号

组稿编辑：宋　娜
责任编辑：张鹤溶　姜玉满
责任印制：黄章平
责任校对：张晓燕

出版发行：经济管理出版社
　　　　　（北京市海淀区北蜂窝 8 号中雅大厦 A 座 11 层　　100038）
网　　址：www.E-mp.com.cn
电　　话：（010）51915602
印　　刷：唐山昊达印刷有限公司
经　　销：新华书店
开　　本：720mm×1000mm/16
印　　张：13.25
字　　数：217 千字
版　　次：2020 年 10 月第 1 版　2020 年 10 月第 1 次印刷
书　　号：ISBN 978-7-5096-7371-3
定　　价：98.00 元

前　言
Foreword

　　全球气候变化深刻影响着人类的生存和发展，是各国共同面临的重大挑战。人类活动对全球气候变化和碳循环的影响远远超过了自然变化的影响，IPCC 第四次评估报告指出，近 100 年来，地表平均温度约上升 0.74℃。全球气候变暖主要是由人类活动大量排放的二氧化碳、甲烷、氧化亚氮、氢氟碳化物等温室气体造成的，其中，二氧化碳的增温效应最为明显。工业革命所带来的二氧化碳变化量远远超过过去 65 万年自然因素引起的变化范围。研究表明，化石能源的燃烧和土地利用覆被的变化与全球气候变化有着密切联系，是大气的主要碳源，其中化石能源燃烧导致的温室气体的排放占主导地位，是引起全球气候变化和温室效应的主要原因。陆地生态系统的碳库约为大气碳库的三倍，对全球碳收支平衡和碳循环具有重大作用，其受到人类活动的影响最为显著。城市是地表受人类活动影响最深刻的区域，不仅土地利用、覆被变化强烈，而且能源消费和化石燃料燃烧集中，城市化过程必然会对全球碳循环和气候变化产生深远的影响。因此，开展城市系统温室气体核算体系的研究是在城市层面制定应对气候变化的碳减排策略的基础，对应对全球气候变化具有重要意义。北京作为中国的首都，在低碳城市建设方面如何率先破局，对于中国应对气候变化具有重要意义。

　　气候变化既是环境问题，也是发展问题，但归根结底是发展问题。气候变化问题本身具有全球性、长期性、影响滞后性的特点，因此解决气候变化问题就变成了一个综合性的复杂过程，涉及人口、经济、技术等多方面因素。应对全球气候变化是一个较为典型的全球公共产品问题，其范围跨越国界、代际和民族，具有非竞争性和非排他性。全球气候治理是一个在全球层次上如何通过多元主体合作来供给全球气候公共产品的问题，也是一个集体行动难题。气候变化问题的实质是发展权之争。要发展就必然要排放，排放问题本质上就是发展问题，排放权即发展权。在应对气候变化谈判中，确定了减排指标也就意味着锁定了发展的空间。全球长期减排目标将对世界未来的碳排放形成严重制约，减排义务的分担必然涉及各国的发展空间，事关国家根本利益。多数发达国家主张人均排放趋同原则，却回避其历史责任，而以中国为代表的发展中国家则建议人均累积排放趋同原则，强调公平性。

本书运用情景分析法，以产业结构和碳排放强度为变量设定基准情景和三种低碳情景。其中产业结构情景是在分析北京产业结构变动趋势的基础上，参考东京等城市产业结构水平，对产业结构调整速度设置了两种不同情景。在情景1中第一产业占比以每年7%的比率下降，第三产业比重以每年0.5%的比率上升，第二产业取差值；在情景2中第一产业比重以每年10%的比率下降，第三产业比重以每年0.7%的比率上升，第二产业变动取差值。假设2016~2030年北京经济保持7%的固定增速，得到2030年产业结构目标值分别为0.16%：18.18%：81.67%和0.11%：13.98%：85.90%。由于不同产业碳排放强度不同，本书也根据三次产业的碳排放强度变动趋势和影响因素，将碳排放强度设定两种不同情景。并通过对北京产业结构和碳排放强度的情景设定预测未来各产业的碳排放量。本书结合具体行业分析对实现低碳情景下的产业结构和碳排放强度提出以下建议：①调整产业结构，提升第三产业比重；在保证经济增长的前提下对产业结构进行优化，增加产业结构中第三产业的比例。②调整产业内部结构，鼓励低碳行业发展；降低化学原料制造业、非金属冶炼业等行业在第二产业中的比重，鼓励金融和信息传输业等现代服务业的发展，提升其在第三产业当中的比重。③改善能源结构，提升能源利用效率：一方面通过技术进步，提高能源的利用效率，降低碳排放强度；另一方面也可以通过调整能源结构，提高清洁能源的消费比例。

通过对交通行业的能源消耗情况分析，可知北京市经济社会发展的同时，交通行业的能源消耗呈现出增长的态势，其在能源消耗总量中的比重也持续上升，相应的碳排放量不断增加，节能减排的任务依然艰巨。结合近年来客运交通出行总量、出行结构和出行距离的变化，根据IPCC的二氧化碳排放计算模型，计算出不同交通出行方式的碳排放量与占比情况。研究发现，近年来虽然北京市重视交通行业的绿色和低碳发展，但是仍然存在很多问题。借鉴国内外先进的制度经验，北京虽然制定了低碳交通发展的目标和规划，也出台了对应的政策措施，但整体来看，没有真正贯彻可持续发展的理念，也没有建立科学的制度保障措施，低碳之路任重而道远。北京应通过减少交通需求、改善交通出行结构和实现交通用能的低碳化三个方面的制度建设来促进交通的低碳发展。首先，重视交通需求管理，从源头上做好目标把控，通过"职住平衡"的城市规划，缩小公共服务水平差距，推行电子通勤和远程办公等方式，从根本上减少交通需求；鼓励共乘和拼车出行，将道路资源分配从通过更多的车向通过更多的人转变，节省成本并节约资源。其次，针对目前北京市机动车保有量高、公共交通出行体验差、慢行交通被排挤等问题，应当着重提升公共交通的地位，加大财政支持力度，做好优先发展公共交通的规划编制，同时完善慢行交通体系，提高私家车出行成本以减少车辆使用等措施，降低人均交通碳排放水平。最后，交通需求总量减少了，绿色出行比例也逐步提高，进一步落实交通用能的低碳化，使用更多的新能源交通工具，同时加快绿色电力的发展和普及，实现真正意义上的低碳交通。

目录

第 一 章

气候变化与城市

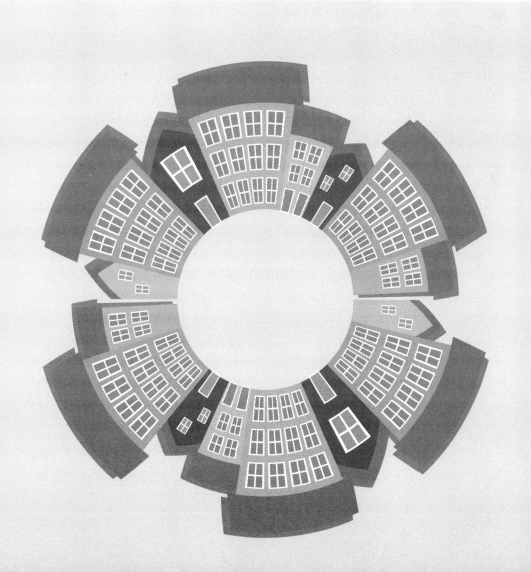

第一节 气候变化问题的科学认知

气候变化一般指气候平均状态在统计学意义上的巨大改变，或者持续较长时间的气候变动，比较典型的为年或更长时间[①]。气候变化包括平均值的变化和变率的变化两个层面的含义。在政府间气候变化专门委员会（IPCC）使用中，"气候变化"一词是指气候随时间的任何变化，包括自然因素导致的变化和人类活动导致的变化两种情况。在《联合国气候变化框架公约》中明确规定，气候变化是指由于人类活动，直接或者间接改变地球大气组成而导致的气候变化，这与上述含义略有不同。

全球气候变化有着丰富的内涵，包括全球平均气温升高、陆地海洋对流层上层平均大气水汽含量增加、海洋气温升高、南北半球冰川积雪退缩、全球海平面上升、降水量变化、海水盐度变化、风场变化，以及包括干旱、强降水、热浪和热带气旋在内的极端天气事件的广泛变化。气候变化除在类似时期内所观测的气候的自然变异之外，由于直接或间接的人类活动改变了地球大气的组成而造成的气候变化。气候变化问题主要指气候变化的不利影响，包括气候变化所造成的自然环境或生物区系的变化，这些变化对自然和管理下的生态系统的组成、复原力或生产力，对社会经济系统的运作，对人类的健康和福利产生重大的有害影响[②]。

全球气温变化是全球气候变化最根本的特征，对其他方面的变化有着深远的影响。长期以来，诸多监测结果显示，地球气候变化的显著特征是全球变暖。近年来世界各地气候变化加剧，人类正面临全球变暖所造成的威胁，全球气候变化问题日益引起各国政府、科技界和公众的关注。

现代气候学以气候系统和人类系统为研究对象，气候变化被认为是地

---

① 王常召. 国际气候谈判中伞形集团的立场分析及中国的对策研究［D］. 长春：吉林大学，2016.

② 《联合国气候变化框架公约》正文第一条。

球系统中大气圈、水圈、冰雪圈、陆面圈和生物圈以及人类活动相互联系、相互作用的结果①。气候科学的发展,加速了气候变化科学认知的凝聚进程,气候变化科学认知的形成经历了科学发现、气候变化成为全球性议题和形成气候变化科学认知三个阶段②。作为全球最为重要的气候认知来源之一,国际气候评估已经成为推动国际气候合作的科学动力。成立于1988年的联合国政府间气候变化专门委员会(简称IPCC)便是承担这一任务的国际机构,目前已经完成了五次全球气候科学评估。

在科学发现阶段,1861年爱尔兰物理学家约翰·廷德尔(John Tyndall)验证了诸如甲烷、二氧化碳等气体吸收红外线辐射造成温室效应。1896年,斯凡特·阿伦尼乌斯(Svante Arrhenius)指出:工业化时代的煤炭利用加剧了地球的自然温室效应,大气中二氧化碳浓度的增加会加速地球变暖,二氧化碳增加一倍则气温变量约为4℃③。阿伦尼乌斯关于人为温室效应可能造成影响大小的结论与当代气候变化模型得出的结果基本趋向一致。1938年,斯图尔特·卡伦德(Guy Stewart Callendar)利用世界各地147个气象观测站的记录,通过计算得出结论:地球气温在过去50年升高了0.3℃,同一时期大气中二氧化碳浓度在增加,而这正是导致气候变暖的原因。但是,遗憾的是"卡伦德效应"在当时被气象学家们普遍地否定了。之后,众多研究者为这一重大科学发现做出卓越贡献,但是,在当时并未引起重视。

在气候变化日渐成为全球性议题阶段,《增长的极限》(The Limits to Urowth)发表,警告世人:全球大气显著失衡,而且正以指数方式变得更糟糕,人类社会正在以可以衡量的气候变化方式改变地球大气的组成④。《增长的极限》对发展与环境的关系、合理且持久的均衡发展等观点的精准论述,为后来形成可持续发展思想提供了理论土壤。

1972年召开的人类环境会议是国际社会第一次共同讨论环境问题的会

① 丁一汇.气候变化[M].北京:气象出版社,2010.

② 李化.论国际气候变化法的生成[J].中国地质大学学报(社会科学版),2017(6):82-92.

③ Svante Arrhenius. on the Influence of Carbonic Acid in the Air upon the Temperature of the ground [J].London, Edinburgh and Dublin Philosophical Magazine and Journal of Science,1896,41(5):237-276.

④ 德内拉·梅多斯,乔根·兰德斯,丹尼斯·梅多斯.增长的极限[M].李涛,王智勇译.北京:机械工业出版社,2013.

议，也是国家间达成环境共识过程中的重要一步[1]。会议通过的《人类环境宣言》(Declaration on the Human Environment)强调："人是环境的产物，也是环境的塑造者，保护和改善人类环境关系到各国人民的福利和经济发展，是人民的迫切愿望，是各国政府应尽的责任。"但是，气候变化问题引起国际社会重视是在以"气候与人类"为主题的第一次世界气候大会上，《世界气候大会宣言》(Declaration of the World Climate Conference)指出："可以肯定的是，化石燃料燃烧、森林采伐和土地利用的改变已经使20世纪大气中二氧化碳含量增加了大约15%，而且现在正以每年0.4%的速率增加"，并呼吁世界各国发展一个更好地认知气候系统和合理使用气候信息的共同战略。其后，根据联合国大会第43/53号决议，1988年11月，世界气象组织(World Meteorological Organization，WM)和联合国环境规划署(United Nations Environment Programme，UNEP)联合成立了独立从事气候变化科学评估的政府间机构IPCC。作为呼吁削减温室气体排放和采取相应政治行动的最重要倡导者，IPCC在确立、推广"人类活动引起气候变化"知识和扭转全球气候变暖领域成就斐然，被授予2007年"诺贝尔和平奖"。

在气候变化科学认知形成阶段，1990年IPCC第一次"评估报告"标志着气候变化科学认知的形成，澄清了国际社会对气候变化诱因的模糊认识，唤起了世界各国对气候变化问题的高度关注，直接推动联合国大会做出启动气候变化框架公约谈判工作的决议[2]。

1990年发布的IPCC第一次评估报告明确了有关气候变化问题的科学基础，成为气候变化认知的主流平台，推动了1992年联合国气候变化框架公约的制定；1996年出版的IPCC第二次评估报告为系统阐述公约的最终目标提供了坚实的科学依据；2001年发布的IPCC第三次评估报告是制定政策相关的科学与技术问题的综合报告，推动了公约谈判的进程；2007年发布的IPCC第四次评估报告，指出近50年全球气候变暖的主要原因是人类活动，因为全球气候变暖，许多生物系统产生了明显可辨的影响；2014年发布的IPCC第五次评估报告，指出人类对气候系统的影响不断增强，在世界各大洲都已观测到种种影响。若任其发展，气候变化将会对人类和生态系统造

---

[1] J.唐纳德休斯.世界环境史 [M].赵长凤，王宁，张爱萍译.北京：电子工业出版社，2012.

[2] 李化.论国际气候变化法的生成 [J].中国地质大学学报（社会科学版），2017（6）：82-92.

成严重、不可逆转的影响。

全球气候变化的发展性。气候变化问题的实质是发展权之争。要发展就必然要排放，排放问题本质上就是发展问题，排放权即发展权。在应对气候变化谈判中，确定了减排指标，也就意味着锁定了发展的空间。全球长期减排目标将对世界未来的碳排放形成严重制约，减排义务的分担必然涉及各国的发展空间，事关国家根本利益。多数发达国家主张人均排放趋同原则，却回避其历史责任，而以中国为代表的发展中国家则建议人均累积排放趋同原则，强调公平性。

气候变化主要是发达国家工业革命过程中长期大量排放温室气体造成的，气候变化是在发展过程中产生的。现阶段在气候变化谈判过程中英美等经济发达国家往往仅看重气候问题，淡化发展问题；着重共同的责任，却淡化历史责任，从而制约经济欠发达国家合理的发展空间。全球所有经济发达国家都是依赖工业的高速发展从而步入发达国家行列的，而工业的高速发展必然带来二氧化碳的大量排放。任何国家从不发达进入发达这一发展过程中，必然经历人均二氧化碳排放峰值问题。资料表明：1901~1910 年的十年间，美国的经济高速增长，人均二氧化碳排放量增长率约为 5.04%，同时期的德国增长率为 9.89%，邻国日本在 1960~1970 年增长率竟然高达 11.98%[1]。

全球性气候变化的经济性。气候谈判的实质是经济利益的较量，凡是政府首脑认同的结论无一不具有浓重的经济因素。气候问题是一个与每个国家、每个地区，甚至每个人的利益直接相关的经济问题。气候谈判争论的焦点不是温室气体对本国或本地区的危害，也不是减少温室气体排放的技术，更不是需要改变人类的生产与消费行为，而是减排资金、份额，都是经济问题[2]。发达国家要的是低碳经济的制高点，借减排找到新的增长点；而发展中国家要的是发展权；小岛屿和最贫穷国家要的是生存权。这三者之间虽然诉求差异很大，但讲的都是经济利益。发达国家推进各国施行节能计划，其目的是出于利益的考量，向全球推销其环保节能新技术和产品，加强对外投资力度，巩固在世界经济发展中的主导地位。

中国作为发展中国家的代表，GDP 增长率长期维持在 7% 左右，经济

---

①② 樊万选.气候变化的科学认知与中国面对的挑战［J］.林业经济，2017（6）：16-19+31.

总量位于世界前列，人均二氧化碳排放量同样超过国际平均值，在目前气候政治的大环境下，中国因其特殊地位更多地成为西方国家联手施压的对象。一些西方国家借"环境保护"的名义推行"碳关税"，通过征收"碳关税"等措施把气候变化问题与贸易交织在一起，其真正的目的是实行贸易保护主义，严重损害了发展中国家利益。

第二节 国际气候谈判的多元利益格局

近年来世界各地气候变化加剧，人类正面临全球变暖所造成的威胁，全球气候变化问题日益引起各国政府、科技界和公众的关注。IPCC第五次评估报告确认人类活动和全球变暖之间的因果关系，不断强化温度、温室气体浓度和累积排放量之间的对应关系，指出气候变化已对自然生态系统和人类社会产生不利影响，全球气候变暖未来仍将持续，并且气候变暖未来将给经济社会发展带来越来越显著的影响，增加人类经济社会发展的风险[①]。如果要在21世纪末将自工业革命以来的温升控制在2℃以内[②]，从而最大限度控制温升带来的全球气候风险，需要从现在起，迅速采取行动控制二氧化碳等温室气体的全球排放。但是，二氧化碳等温室气体在大气层中留存的寿命周期长且影响范围涉及全球，同时具有跨国外部性和跨代外部性双重特征，使得气候变化问题超越了国家及国家以下水平现有决策主体的常规决策时空视野，形成了全球以碳为主的温室气体减排博弈的气候治理格局。

伴随温室效应而来的各种极端气候事件对人类的生产生活造成了诸多不利影响，气候问题的全球性使得气候变化所带来的危害未使一国幸免于难，几乎每个国家及地区都或多或少地遭受着愈演愈烈气候灾难的威胁。因

---

① 张汉飞. 全球碳博弈格局的二重性［EB/OL］. http://www.cssn.cn/jjx/xk/jjx-yyjjxksqyhjjx/201609/t20160919_320625.shtml，2016-09-19［2019-08-30］.

② 2℃被认为是气候变化中的危险临界点，因此全球气温升高的目的是控制气温升高在工业革命前水平的2℃以内，而且这是一个理想目标。

此，出于对国家生存与发展利益可持续性的维护，全球就气候问题展开谈判。然而谈判的道路充满艰辛，谈判过程纠葛重重，部分国家未按承诺履约以及不时出现的退约现象，使得国际气候谈判步履蹒跚，陷入困境。国际社会强烈地呼唤着一个可行的解决方案的问世。

气候变化问题本身具有全球性、长期性、影响滞后性的特点，因此解决它就变成了一个综合性的复杂过程，牵扯到人口、经济、技术等多方面因素[①]。应对全球气候变化是一个较为典型的全球公共产品问题，其范围跨越国界、代际和民族，具有非竞争性和非排他性。全球气候治理是一个在全球层次上如何通过多元主体合作来供给全球气候公共产品的问题，也是一个集体行动难题[②]。

为应对气候变化，国际社会自20世纪90年代开始进行气候谈判，寻求国际合作来应对气候问题，几乎所有国家都派代表参加历次联合国气候会议，其代表参与的广泛度可以与联合国大会相媲美，甚至比联合国大会参与率都高。这说明各国对国际气候谈判的必要性有共识，而且在共识基础上出台并生效了《联合国气候变化框架公约》《京都议定书》、巴厘岛路线图和德班平台等国际机制。但是在国际气候谈判中，由于在经济发展水平、科技、资金以及自然的地理位置存在着差异，国际行为体的利益分化复杂，在国际舞台形成不同的联盟或者准联盟，主要表现为发达国家与发展中国家集团[③]。在这两大集团内部又分化为小的利益集团，例如发达国家中的欧盟和伞形集团，发展中国家中的小岛联盟、雨林国联盟、77国加中国、基础四国等。伞形集团是由非欧盟成员国组成的发达国家松散联盟，包括日本、美国、瑞士、加拿大、澳大利亚、挪威、新西兰、冰岛、俄罗斯和乌克兰等。以美国为首的伞形集团一直以来都是温室气体的主要排放者，因此在气候谈判中发挥着重要作用。伞形集团成员多为能源消耗大国和能源生产大国，在国际气候治理中具有重要作用，但是由于成员国担心削减温室气体会产生巨大的成本，给本国经济带来沉重负担，因而反对承担量化的温室气体减排目标，在气候谈判中起到消极阻挠作用。

---

① 管勇鑫."基础四国"机制在国际气候谈判中的作用 [D].青岛：青岛大学，2016.

② 庄贵阳，周伟铎.非国家行为体参与和全球气候治理体系转型——城市与城市网络的角色 [J].外交评论（外交学院学报），2016（3）：133-156.

③ 王常召.国际气候谈判中伞形集团的立场分析及中国的对策研究 [D].长春：吉林大学，2016.

据科学研究表明，气候问题的产生的主要原因是人为原因。人类社会还没有找到有效的办法来解决这一问题，这是因为人类的发展需要以牺牲环境为代价，但是这种牺牲是有限度地不是毫无节制地向大气中排放温室气体，向大气中无节制地释放温室气体的阶段已经过去了。现阶段的国际社会环保意识大大增强，各种环保组织层出不穷，正在对各国的气候政策产生重要影响。大气中温室气体的排放空间就成为一种稀缺资源，各国在发展空间中展开激烈的斗争[①]。因此，气候问题已经对国际关系产生深刻的影响，各国基于自身利益、地缘战略需求和发展状况，在国际气候谈判的舞台上进行着激烈的较量，气候问题开始了国际政治化分过程。各种国际力量在利益的驱使下产生不同的力量组合，国际气候谈判舞台上主要有以下行为体：欧盟、伞形集团、基础四国、小岛屿国家联盟等。伞形集团的成员国主要为工业化国家或者转型国家，温室气体排放诉求较大，与欧盟相比在温室气体减排上持消极的态度，对发展中国家提出苛刻的要求，以发展中国家中新兴大国接受同样的减排目标为前提条件，强调共同减排，不顾历史和现实情况，一味要求以中国为代表的新兴大国承担具体的减排任务，挤压中国的发展空间。中国由于经济发展处于关键时期，温室气体排放量逐年增加，早已经是排放量第一的国家，在国际社会上已无法回避减排义务，面临的减排压力越来越大。如何应付国际社会的减排压力，谋求合理的发展空间就成为环境外交中的焦点之一，对中国减排压力指责最大的就是美国。

另外，每一次《联合国气候变化框架公约》缔约方大会，各个谈判国家就减排指标的分配、历史责任与减排义务等问题纷争不断、抗议推脱此起彼伏。会议吵来吵去，最后每次妥协性地产生一个协议、协定、原则、报告等书面文件，而且各个国家也都一如既往地承诺减排指标。在1992年达成的《联合国气候变化框架公约》基础上，缔约国以谈判形式推动全球共同行动。在国际气候谈判中，如何分配温室气体的减排责任并达成具有约束力的协议成为谈判中的核心问题与现实难题。

目前学术界认为，国际气候谈判困境产生的原因有以下三点：

其一，"各国从气候变化中受益或者受害的差异性"导致了当前国际气

---

① 王常召.国际气候谈判中伞形集团的立场分析及中国的对策研究［D］.长春：吉林大学，2016.

候谈判陷入类似"囚徒困境"的境地。气候资源具有公共物品性质，气候变化带来的危害具有全球性。各国虽同处一个地球，但从气候资源中的获益与气候变化的受损情况是不同的。比如全球气候变暖对小岛屿国家来说几乎是灭顶之灾，而对于一些内陆大国的影响则相对较小。这就导致各国应对气候变化的积极性高低不一，直接影响气候谈判的顺利进展。

其二，国际社会无政府状态是造成气候谈判困境的另一个重要方面。国际社会缺乏统一的中央政府与法律权威，这"一方面使谈判陷入困境，另一方面使达成一致的条约无法顺利执行。"同时，无政府状态的存在给全球气候外交的开展带来诸多现实层面的障碍。诸如发达国家和发展中国家在承担责任上的分歧，造成气候外交集体行动的难题。

其三，在国际社会无政府状态下，各国将气候谈判视为生存权与发展权的争夺，造成谈判过程中竞争多于合作，最终使气候谈判异化为权力外交。气候外交下隐藏的是各国政治、经济利益的博弈。气候、政治、经济和技术等多方面因素造成国际气候谈判一直陷入"搭便车"和"囚徒困境"、局部利益和大局利益相冲突的泥沼之中，国家之间展开非合作博弈，这是导致国际气候谈判进展缓慢的主要障碍。

在 IPCC 报告指出的气候变化的发展和事实观测中，"中国和美国已经成为近百年来全球气候变暖中影响最大的两个国家[1]。"同时，中美已成为当前世界上最大的两个温室气体排放国，也是当前世界上最大的两个经济实体。

作为世界上最大的两个温室气体排放国和经济实体，中国和美国分别影响着发展中国家和发达国家的立场，他们是否做出承担温室气体减排责任的承诺并采取行动成为影响全球气候治理议程的关键。在哥本哈根和巴黎两次国际气候谈判中，影响中美从冲突走向合作的原因在于两国在国际气候谈判中的身份与利益机制判断变化下的行为选择差异。身份机制的判断影响了大国对于是否承认作为责任者的定位，利益机制的判断影响了大国就气候减排是否对国家利益产生损失或增加考虑下的选择。受到身份机制的影响，大国参与国际气候谈判在责任者和非责任者的选择下表现不同：责任者选择合作，非责任者因为选择不合作而出现冲突。受到利益机制的影响，利益损失使国家不愿意承担责任而走向冲突，利益获得则促使国家积极参

① 王绍武，赵宗慈，唐国利.中国的气候变暖［J］.国际政治研究，2009（4）：9.

与全球气候治理并选择合作 ①。

　　在联合国主导下的国际气候谈判中，谈判各方根据《联合国气候变化框架公约》所确立的"共同但有区别的责任"为基本原则进行谈判博弈。所有缔约国都围绕着如何实现温室气体减排的责任分配以实现应对气候变化的共同行动展开斗争，因此谁应承担更多的责任毫无疑问成为每次会议的焦点。国际气候谈判曲折进程下各方关注的问题正日趋集中：谈判是否能形成应对气候变化的全球治理机制；大国是否积极主动参与气候减排。截至2016年11月在马拉喀什召开的气候大会，缔约国各方已完成了23次谈判，其中有三次会议影响重大，即1997年的京都会议、2009年的哥本哈根会议和2015年的巴黎会议。这三次会议在规模上和谈判内容上成为缔约国会议中无可非议的里程碑，他们达成了两项具有法律约束力的国际协议——《京都议定书》和《巴黎协定》，促使所有缔约国在气候减排责任分配上实现了从拒绝承担责任向主动承担责任的转变，并在气候减排责任分配上实现了从"自上而下"向"自下而上"的模式转变。但这三次会议的结果与后续发展迥然不同：美国以危害国家利益为由拒绝了《京都议定书》，京都机制下的全球气候治理后继乏力；中美冲突下的哥本哈根会议无果而终，全球气候治理继续面临着治理困境；巴黎会议中，中美实现了大国合作，《巴黎协定》衔接了后京都时代的全球气候治理议程。这三次会议的差异性后果中引人注目的一点是：中美作为大国在全球气候治理和国际气候谈判中的行为选择，即双方是否愿意参与全球气候治理并承担气候治理的责任影响甚至决定了国际气候谈判的成功与否，并影响全球气候治理的进展。也就是说，大国在全球气候治理中是否进行合作，已成为影响全球治理的重要现实问题。

　　国际气候谈判是具有不公平性的。国际社会的无政府状态，使得解决国际问题变成了各国实力的角逐，也就造成了当今的国际体系是不平等的。这种不平等主要表现在：各国间政治经济关系的不平等，政治经济地位的不合理，政治经济发展的不平衡②。这种不平等延伸到国际气候谈判中，就是由于发展中国家的经济发展水平远远落后于发达国家，发展中国家为了注重发展不可能过度重视环境问题，但是发达国家却要求全球各国一起承担

① 龙盾.身份、利益与大国合作［D］.北京：外交学院，2017.
② 梁守德，洪银娴.国际政治学概论［M］.北京：北京大学出版社，2000：107.

环境恶化的责任。为了避免这种不公平现象，《联合国气候变化框架公约》明确提出了共同但有区别的责任原则，主张发达国家应对环境问题承担大部分责任。可是此原则作为框架不对发达国家具有约束力。于是在国际气候谈判中一些发达国家不接受分配给自身的减排目标，要求发展中国家承担更多的责任。谈判的核心分歧由此产生，阻碍了正常的谈判进程[①]。

国家利益、主权和威望是中国气候政策制定背后的驱动因素。中国作为发展中国家的代表，GDP 增长率长期维持在 7% 左右，经济总量位于世界前列，人均二氧化碳排放量同样超过国际平均值，在目前气候政治的大环境下，中国因其特殊地位更多地成为西方国家联手施压的对象。一些西方国家借"环境保护"的名义推行"碳关税"，通过征收"碳关税"等措施把气候变化问题与贸易交织在一起，其真正的目的是实行贸易保护主义，严重损害了发展中国家利益。

中国作为新兴大国和温室气体排放大国在全球的气候治理具有重要地位和作用，只有深入了解伞形集团的诉求和与中国的差异，才能够对症下药，促使各方互相之间有充分的了解，增强气候合作的信任基础，扩大双方在气候治理中的共同利益，弥补分歧争端，跳出权力政治的困境，真正为人类的生态文明做出贡献。

习近平主席在气候变化巴黎大会的讲话中强调指出："面对全球性挑战，各国应该加强对话，交流学习最佳实践，取长补短，在相互借鉴中实现共同发展，惠及全体人民。同时，要倡导和而不同，允许各国寻找最适合本国国情的应对之策。"虽然不同地区对气候变化的认识尚有不同看法，但是各国依旧达成这样的共识：应对气候变化带来的挑战必须通过合作和对话。气候变化问题只有通过发展来解决。发展中国家只有通过经济社会发展，解决贫困问题，提高人民生活水平，打牢应对气候变化的物理基础，才能提高应对气候变化的能力。发展中国家只有通过国际合作才能加快发展。发展中国家资源和环境的承受力有限，需要发达国家的资金和技术支持。支持发展中国家加快发展，既是发达国家的责任，也是世界各国共同应对气候变化必然选择。

---

① 管勇鑫."基础四国"机制在国际气候谈判中的作用［D］.青岛：青岛大学，2016.

第三节 城市温室气体排放

人类活动对全球气候变化和碳循环的影响远远超过了自然变化的影响，IPCC第四次评估报告指出，近100年来，地表平均温度约上升0.74℃。全球气候变暖主要是由人类活动大量排放的二氧化碳、甲烷、氧化亚氮、氢氟碳化物等温室气体所造成的，其中，二氧化碳的增温效应最为明显。工业革命所带来的二氧化碳变化量远远超过过去65万年自然因素引起的变化范围。研究表明，化石能源的燃烧和土地利用覆被的变化与全球气候变化有着密切联系，是大气的主要碳源，其中化石能源燃烧导致的温室气体的排放占主导地位，是引起全球气候变化和温室效应的主要原因。陆地生态系统的碳库约为大气碳库的三倍，对全球碳收支平衡和碳循环具有重大作用，其受到人类活动的影响最为显著。城市是地表受人类活动影响最深刻的区域，不仅土地利用、覆被变化强烈，而且能源消费和化石燃料燃烧集中，城市化过程必然会对全球碳循环和气候变化产生深远的影响。因此开展城市系统温室气体核算体系的研究是在城市层面制定应对气候变化的碳减排策略的基础，对应对全球气候变化具有重要意义。

城市是地球表面受到人类活动影响最为剧烈的区域，是人类社会经济活动的中心，具有人口集中、产业集中、物流集中、资源与能源消耗集中的特点，城市对全球性气候变暖负有主要责任，其温室气体排放量占人类活动总排放量75%左右。城市化和城市扩展过程会对生态系统碳循环和气候变化产生深远影响；反过来，碳循环过程和气候变化也会影响城市生态系统的结构及功能。因此，在城市尺度上研究温室气体减排具有重要的理论和现实意义。

然而，作为多要素、多层次的社会、经济复合系统和人工生态系统，城市生态系统内部的碳过程与自然生态系统大不相同。因此，需要从整体上了解城市生态系统的碳排放特征与规模，认识城市系统温室气体排放的潜在驱动力和影响因素，从而明确城市生态系统内部的碳循环过程及其与社会经济过程的相互作用，有利于采取切实有效的管理措施，促进低碳城市发展目标的实现[①]。

温室气体排放清单是目前较常用的温室气体核算方法,能够清晰地反映温室气体排放水平、排放结构和排放特征。2008 年,国家发展和改革委员会启动中国省级应对气候变化方案项目,其基础工作就是要求各省(自治区、直辖市)对城市温室气体排放量进行核算。中国城市统计体系一般覆盖行政市域,从全面涵盖城市各部门和行业的温室气体排放状况、同时降低活动水平数据获取难度的角度出发,温室气体清单核算的地理范围应为城市行政市域,核算气体为三种主要的温室气体(二氧化碳、甲烷和氧化亚氮)。

目前,国际城市的温室气体清单编制方法主要参考联合国政府间气候变化专门委员会(IPCC)有关温室气体清单编制的指南和方法论(IPCC)、地方环境举措国际理事会(ICLEI)方法学以及《城市温室气体排放测算国际标准》等。

一、IPCC 方法学

IPCC 指南提供了编制国家温室气体排放清单的通用方法、计算公式和可供参考的基本参数,对城市温室气体清单编制具有较高的参考价值和指导意义。指南将温室气体核算分为四大部分,即能源,工业过程和产品使用,农业、林业和其他土地利用,废弃物。从基本方法出发,使用参考方法和部门方法两种核算方法进行不同层次的温室气体清单核算。其中,参考方法采用自上而下的核算思路,而部门方法采用自下而上的核算思路。

1. IPCC 基本方法

IPCC 指南中计算温室气体排放量的基本方法可表示为式(1-1):

$$E = AD \times EF \tag{1-1}$$

式(1-1)中,E 代表温室气体排放量;AD 为活动水平,即有关人类活动发生程度的信息;EF 为排放因子,即量化单位活动排放量或清除量的系数。

---

① 李晴,唐立娜,石龙宇. 城市温室气体排放清单编制研究进展[J]. 生态学报,2013(2):367-373.

2. IPCC 参考方法

参考方法是 IPCC 指南和优良做法指南都推荐的缺省方法可表示为式（1-2）：

$$E = （F \times C_a - F_x） \times O \qquad （1-2）$$

式（1-2）中，E 代表燃料燃烧的二氧化碳排放量；F 指燃料表观消费量，即生产量与净进口量的和；C_a 指单位燃料含碳量；F_x 代表固碳量，即燃料中没有被氧化或被固定的碳；O 为燃烧过程中的碳氧化率。

3. IPCC 部门方法

IPCC 部门方法基于各能源消费部门或行业进行分类核算，计算公式如下：

$$E_s = F \times EF \qquad （1-3）$$

$$EF = f （_a, _b, _c, _d） \qquad （1-4）$$

$$E_T = \sum Es \qquad （1-5）$$

式（1-3）中，E_s 为部门排放的二氧化碳总量，F 为部门燃料消费量；式（1-4）中，EF 为排放因子，a、b、c、d 分别代表燃料属性、氧化率、含碳量和技术设备条件；式（1-5）中，E_T 为城市二氧化碳总排放量。

二、ICLEI 方法学

ICLEI 探索并建立了城市温室气体清单编制体系，提供了一种简单、标准化的温室气体排放量计算方法和监测、衡量方法，并开发了 CACP 软件工具，供加入 ICLEI 组织和城市气候保护行动（CCP）运动的城市使用。ICLEI 采用的核算方法与 IPCC 自下而上的核算方法相似，温室气体排放量同样由排放源的活动水平与相对应的排放因子相乘得到，其排放因子也基本由 IPCC 排放因子修改或衍生得来。CACP 软件收集城市中能源使用的化石燃料的主要排放源数据，利用能源消费量和碳排量之间的直接相关关系以及对应的排放因子，精确计算出每种能源的二氧化碳排放量。CACP 软件还能够把温室气体排放量转化为二氧化碳当量，以实现各部门之间的直接比较。

三、城市温室气体排放测算国际标准

2010 年 3 月 23 日，在里约热内卢举行的第五届世界城市论坛上，联合国环境规划署（UNEP）、联合国人居署（UN-HABITAT）及世界银行联合发布了《城市温室气体排放测算国际标准（草）》，人口在 100 万以上的城市可参考此标准进行温室气体排放测算。该标准的核算方法与 IPCC 及 ICLEI 组织的温室气体核算方法相一致，但对城市温室气体排放测算尺度进行了详细划分，将城市温室气体排放过程具体分为三个尺度，尺度一：发生在清单地理边界内的所有温室气体直接排放过程。尺度二：由于电力、供热的购买和外调发生的间接排放过程。尺度三：未被尺度二包括的其他由城市活动引起的发生在清单地理边界外的间接排放和隐含排放过程，包括电力传输损失、固体废弃物处理、废弃物焚烧、废水处理、航空、水运以及城市从外部购买燃料、建材、食物、水等过程。

标准规定，尺度二和尺度三中的温室气体排放过程涉及城市消费的主要材料、能源、产品等多个领域，活动水平数据不易获得，核算难度较大；但城市温室气体清单对这部分的计算至少应包括城市发电和区域供暖产生的边界外排放（包括传输损失）、航空和水运产生的碳排放以及城市产生的废弃物在边界外处理引起的碳排放。城市消费的燃料、建材、食物、水等物质中隐含的碳排放也应核算并以附加信息形式公布，无须包含在城市总排放量当中。城市由于输出电力、热力以及输入废弃物产生的排放应该从总排放量之中扣除。

第四节　气候变化对城市的影响

联合国国际减灾战略（ISDR）发言人布瑞吉特·里奥尼（Brigitte Leoni）指出，气候变化和城市化是使得人类更容易遭受灾害影响的两大因素[①]。气候变化使人类面临更多的灾害威胁。近十年来，气候变化引起的风

---

① 联合国电台（United Nations Radio）. 气候变化和城市化使人类更需增强减灾措施［EB/OL］. http：//www.unmultimedia.org/radiol chinesel，2007-05-25［2019-08-30］.

暴、洪水、干旱等灾害的发生频率和严重性明显增加，对经济、健康、安全等方面的威胁日益加剧，已成为世界当前最突出的环境问题。同时，随着城市化进程的加速，人口、产业向城市集中，城市成为规模庞大的承灾体，更容易遭受灾害影响并造成重大损失[①]。

目前，国内外在气候变化与城市区域关系的研究中，主要聚焦于城市区域温室气体排放对气候变化的贡献和负面影响方面，随着城市化进程的显著加快和土地利用的急剧变化，城市"热岛现象"和气候变化对具体城市经济社会的影响日益受到广泛关注。

一、气候变化与城市热岛效应

近年来，全球气候变暖的基本事实得到了国内外专家广泛认可，世界范围内大城市热岛效应明显存在，全球气候变暖和城市热岛效应两种因素叠加影响而导致城市气候不断变暖，日益频发的高温天气给城市能源供应系统造成巨大压力，导致多个城市能源供应系统拉响警报。

所谓城市热岛，即指城市中心区域的气温明显高于外围郊区的现象[②]。在近地面气温图上，郊区气温较低且变化很小，城区中心区域则气温高且变化明显。城市中心区域的高温区就像突出海面的岛屿，故称为城市热岛。使城市热岛形成和加强的效应，即称为城市热岛效应。

热岛效应实际上是一种形象的称呼，由于现代城市的大规模发展，导致城市中心城区地面温度明显高于郊区地面温度，从更广阔的地域来看，城市就像一个发热的岛屿处在区域环境之中，这种现象称为城市热岛效应。城市热岛效应导致城市气候与城市外地区明显不同，世界上几乎所有的城市，尽管其纬度位置、海陆位置、地形起伏及其四周自然环境有所差异，几乎都能观测到热岛效应的存在。同时，城市热岛效应强度与其城市规模、人口密度、建筑密度等因素有着明显的相关关系[③]。全球气候变暖的大趋势造成城市郊区地区气温升高，而城市热岛效应在上述作用的基础上促使城

① 董锁成，陶澍，杨旺舟等.气候变化对中国沿海地区城市群的影响［J］.气候变化研究进展，2010（4）：284-289.

② Voogt J A, Oke T R.Thermal remote sensing of urban climates［J］.Remote Sensing of Environment，2003，86（3）：370-384.

③ 沈续雷.气候变化对大城市能源消费的影响研究［D］.上海：复旦大学，2011.

市中心城区气温进一步抬升，导致城市尤其是大城市成为全球气候变暖的重灾区，相对于其他地区气候变暖的趋势更加明显。

大城市地区高温天气出现频率不断增加，最高温度纪录不断被刷新，炎炎夏季需要空调设备降温，由此导致能源消费激增，对城市电力供应系统造成巨大压力和挑战，能源消耗增加，导致城市二氧化碳排放量进一步增加，促使城市气温进一步抬升，形成恶性循环。

首先，经济发展过程中需要消耗能源，而能源消费的过程中会产生大量二氧化碳等温室气体排放，导致全球气候变暖。从经济学角度解释，经济发展通过能源消费对气候环境造成了负外部性影响，同时由于气候环境具有公共产品的特征，产权不明晰，从而造成了气候环境出现了"公地悲剧"，造成了全球气候变暖问题。在大城市地区，由于城市建筑环境相对于其他地区有很大改变，同时由于能源消费过程中集中排放剩余热，造成大城市地区气候变暖的趋势更加明显，因而大城市地区成为全球气候变暖的重灾区。其次，气候环境通过能源消费对经济发展有反作用。全球气候变暖造成了用于温度调节的能源消费大量增加，加剧了能源的稀缺性，增加了经济发展过程中的额外经济损失，从而影响社会经济的可持续发展。大城市往往是人口集中的地区，同时也是生活水平相对较高的地区，城市居民对生活环境适宜性有着更高的要求和经济支付能力。因此，作为全球气候变暖重灾区的大城市用于温度调节的能源消费增加幅度相对于其他地区更加明显，其能源消费量额外损失相对其他地区更大。这反而进一步加剧了全球和城市地区气候变暖的趋势，造成了"社会经济—气候环境"系统之间的恶性循环。

二、对沿海城市的影响

沿海地区城市群处于海—陆交互作用的脆弱敏感地带，受海—陆复合型灾害的影响，洪水、台风、海啸、风暴潮等突发性灾害以及海岸侵蚀、海水入侵、土地盐碱化、湿地生态退化等缓发性灾害叠加，成为自然灾害的高发区。沿海城市群人口、产业和设施密集，容易造成重大损失。在气候变化背景下，海平面上升，洪水、台风、海啸、风暴潮的发生频率和强度增加，海岸侵蚀、海水入侵、土地盐碱化加剧。同时，气候变化对城市群所在区域的生态、环境、农业、供水、交通等产生一系列影响，使城市受到间接威胁。气候变化将使沿海城市群成为受气候变化影响最大的地区，部分城市甚至会面临难以预测的巨大灾害风险[①]。

　　沿海地区由于所处地理位置、地形和季风气候等因素的影响，洪灾频繁发生，成为遭受洪水危害频数最多、影响范围最广的洪水多灾区之一。在气候变化背景下，受海平面上升以及风暴潮、台风、暴雨等灾害的影响，沿海城市群濒海的城市将成为受洪水威胁和低地被淹没的高风险区。

　　气候变化引起海平面绝对上升，尽管各海区海平面变化幅度不同，但未来海平面上升值均较大。海平面上升非常缓慢，是一种长期的、缓发性灾害，但这种趋势很难阻止，并且几乎无法逆转。由于城市土地资源紧缺，沿海城市普遍向低洼的滨海地段扩展，甚至通过填海造地来增加城市建设用地。国际上一般认为，海拔5.0米以下的海岸区域为易受海平面上升、风暴潮灾害影响的脆弱区和危险区。由于上述原因，沿海城市群低洼地区面临被淹没的巨大风险。

　　风暴潮、洪水是威胁沿海城市群的主要突发性灾害。由于气候变化、海平面上升、滨海湿地退化等原因，城市群面临洪水和风暴潮的威胁大大增加。首先，气候变化引起台风、风暴潮等海洋灾害发生频率和强度增加。其次，地下水超采严重以及大型建筑物群增加了地面负载，沿海城市地面沉降，海平面相对上升加快。城市地面沉降是一种连续的、渐进的、累积的过程，其发生范围大且不易察觉，但经过逐年积累，导致临海城市地面高程损失，并与海平面绝对上升叠加，使海平面上升加快。海平面上升导致潮位升高，使入海河流的河道比降下降，城市排水系统自流排水困难，河流淤积加重而排洪困难，容易造成城区严重内涝。再次，海平面上升导致沿海城市海堤和挡潮闸的防潮能力降低，洪水、风暴潮灾害威胁增加。最后，海湾围垦、填海造地使滨海湿地萎缩，储水分洪、抵御风暴潮的缓冲区面积缩小，导致洪水、风暴潮灾害对滨海城市的威胁增加。同时，海平面上升和地面沉降相叠加，使相对海平面上升加快，导致潮位升高，海水沿江河上溯距离增加，或入侵陆地地下淡水层的范围扩大。由于气候变暖，海水借助潮汐作用倒灌江河，沿河上溯距离和范围增加，尤其河口区海水入侵程度加剧。

　　海平面上升破坏海岸区侵蚀堆积的动态平衡，改变海岸附近沙堆的分

① 董锁成，陶澍，杨旺舟等.气候变化对中国沿海地区城市群的影响［J］.气候变化研究进展，2010（4）：284-289.

布，或导致泥沙的堆积逐渐占优，引起航道淤塞，使海港水深降低，妨碍其功能的正常发挥，甚至使其报废。海平面上升而海岸抬升，海蚀阶地发育，导致港池、航道水深不够而港口废弃。海平面上升和地面沉陷，港口码头泊位和仓库高程降低，易受到风暴潮影响。港口和河道航运受到威胁，会造成沿海城市对外交通联系减弱，对沿海城市群发展将产生严重影响。

三、对内陆城市群的影响

在气候变化背景下，未来总体趋势为气温升高，城市热岛效应加重，对城市居民健康的威胁和危害增加。气候变化导致降水增加和不确定性增强，城市水资源供需矛盾日趋紧张，气候变化将增加干旱、洪涝、滑坡、泥石流、水土流失等灾害发生频次和强度。同时，气候变化对不同地区的主要影响略有差异。

气候变化对内陆城市群的影响主要是使干旱、洪涝灾害威胁严重。由于全球气候变暖，降雨季节性分配将更不均衡，持续性干旱程度加重，出现重大旱灾的可能性加大。干旱造成水库和河流水位下降，影响城市供水。随着人口、产业向城市群集聚，城市供水日趋紧张。城市群地处内陆河下游及上游地段，汛期降雨集中，洪涝灾害的威胁较大。而且内陆河流域水土流失严重，大量泥沙汇入河道，使下游河床不断抬高，削弱了河道的行洪能力，加大了洪水对城市群的危害。如中国武汉城市圈地处长江中游地段，武汉、黄冈、鄂州、黄石位于长江干流沿岸，洪涝灾害对武汉城市圈的影响和威胁较大。长江汛期降雨集中，洪涝灾害严重。武汉市区长江、汉江穿过，是我国水灾威胁最危险的城市之一。长江流域水土流失严重，大量泥沙汇入河道，抬高河床，削弱河道的行洪能力。长株潭城市群所在区域有湘江干流和渌水、涓水、涟水、靳江河、浏阳河、捞刀河等支流。长沙、株洲、湘潭三个城市均位于湘江沿岸，一旦发生大洪水，城市群濒临江河区域的基础设施、房屋建筑、道路等设施将受到严重威胁。此外，湘江长沙以上河段，因占用河道滩地、滞洪洼地，致使河道泥沙淤积，河道淤高，河床抬高，河槽调蓄洪水能力减小，使下游长沙洪水位抬高。市区因城市建设而侵占河道，导致城市排泄洪能力降低，延滞了泄洪时间。在气候变化背景下，暴雨和洪涝灾害增多，发生流域性大洪水的可能性加大，地区城市受洪水的威胁频率与强度将增加。

在全球变化和城市化的双重作用下，城市热岛效应加强，城市气温升高，导致高温热浪、干旱发生频率和强度增加，能源消费激增，城市人居环境逐步恶化。气候变暖和城市热岛效应叠加，将使城市夏季气温持续偏高，高温、闷热日数增多，空调用电负荷增加，电力供给紧张，并带来一系列严重的社会经济问题。

人体对气候变化程度和速度非常敏感、脆弱。随着全球气候变暖和热岛效应增强，城市区域夏季热浪、高温发生的频率、强度和持续时间增加，高温易诱发中暑、昏厥、肠道以及心脑血管疾病，极端高温引起死亡人数增加。热浪、高温、干旱、洪涝等自然灾害与城市空气、水体污染叠加，使这些灾害对城市居民的健康危害增加，发病率和死亡率上升。由于气候变暖，昆虫繁殖能力增强，以昆虫为媒介或宿主的疟疾、登革热、血吸虫病等传染病发生的可能性增大。城市住房、基础设施、公共服务不足，人口密集和居住环境拥挤，更有利于蚊虫的繁殖和疾病传播，增加传染病流行的风险和对城市居民健康的危害。

水是城市可持续发展的战略性资源，城市生活、生产用水、绿化用水对气候变化较敏感。处于暖温带半湿润与半干旱气候的过渡地带的城市，多年平均降水量较少，年际降水变率大，干旱灾害频繁发生。地表水资源主要由降水补给，水资源补给单一，水资源较为稀缺。河流含沙量高，水库严重淤积而影响供水，部分城市供水工程的建设滞后，供水能力较差，地下水超采严重，水资源供需矛盾突出。

随着全球变暖，降水量减少，蒸发量增大，城市工业和生活用水日趋紧张。城市人口激增和工业化的快速发展，日益频繁的自然灾害以及沙漠化使大量移民盲目地向城市流动，都会使城市缺水问题日趋严重。供水不足将对城市的可持续发展造成刚性制约，甚至会成为部分城市发展的最大威胁。水资源供需矛盾加大，可能引发城市和所在区域生态系统衰退甚至失衡。

气候变化将增加洪涝、干旱、滑坡、泥石流、水土流失等灾害发生频次和强度。以重庆市为例，由于其所在区域陡坡垦殖、植被破坏以及采矿、采石、筑路等工程活动，导致流水侵蚀加剧，泥沙淤积河道和湖泊，抬高河床，减少河流的行洪能力和湖泊的蓄水能力，加剧洪涝对城市的威胁。部分临河城市的河谷阶地距离河流不高，如发生大洪水，容易形成洪灾。同时，由于阶地面积不大，城市向河滩扩展，束窄河道，直接缩小了过洪断面，增大了江河泛滥导致城市洪灾的风险。全球变化导致暴雨增多，洪水灾害频繁，对临河城市的威胁增加。未来气候变化，将使洪水灾害对重庆市区的威胁进一步增加。

降水量、降水强度、暴雨频率是山地灾害形成和发育过程中最活跃、最持久的触发因素。在全球气候变化的背景下，降水的强度和频率增加，更容易诱发和加剧水土流失、滑坡、崩塌、泥石流等灾害。山地城市群的部分城市所在区域的地表高差和斜坡比降较大，夏季降水充足，暴雨集中，水蚀作用强烈，崩塌、滑坡和泥石流等重力侵蚀活跃。另外，由于工矿、交通建设，在建设阶段改变原有的地表形态和岩土力学条件，破坏山体和边坡的稳定性，形成裸岩、裸坡，并产生大量的废弃土、石、渣，对水土流失、滑坡、崩塌等灾害形成和发育起了促进作用。因此，地质、地貌背景、气候条件、人类活动的影响和气候变化相互叠加，使山地灾害加剧，并会形成暴雨—洪水—崩塌、滑坡—泥石流的灾害链和灾害群，对城市交通、通信等基础设施和人身安全造成较大的威胁。

第二章

中国应对气候变化的形势

第一节　中国的基本国情

目前，我国已进入城市化加速发展时期，工业化的推进为城市的发展注入了活力。既给城市的经济社会发展带来了良好机遇，同时也给其资源、环境带来了严峻挑战。城市资源趋紧，环境污染日益严重，交通过于拥堵，越来越不适合居住等"城市综合症"逐步凸显，许多城市正面临着贫困、住房短缺、环境退化以及由大量温室气体排放量增加所导致的气候变化等一系列问题。这与以资源高消耗、环境高污染为主要特征的现行城市发展模式，即"高碳"模式有着密切的关系。

中国国内面临的挑战已多有讨论，包括经济增长、能源安全问题，环境恶化、气候变暖等问题。很多中文文献认为，这些问题应该同时解决，而低碳经济转型是其中最好的办法，正如中国的气候政策和能源政策总是绑在一起。

一、能源危机

能源是经济和社会发展的动力，人们对更高生活水平的追求导致能源消费需求的增加。如今，中国已成为世界上能源消费的第一大国，迅速增长的能源需求给能源供给带来了巨大压力，经济发展面临着能源效率低下、能源供给不足和生态环境恶化的困扰[①]。

中国能源供给与需求矛盾趋紧。经过改革开放后的长期发展，中国已经成为世界上最大的能源生产国和消费国，能源行业的发展取得了一定成绩，但能源发展也面临着需求压力巨大、供给制约较多、技术水平落后、生产和消费的环境污染严重等问题。我国能源资源的阶段性特征从无限供给逐渐转为日益稀缺，能源的供需矛盾成为制约未来经济持续稳定增长的重要因素之一。虽然我国总体能源储备较为丰富，但由于我国现有的人口基数

---

① 陈峥.能源禀赋、政府干预与中国能源效率研究［D］.武汉：中南财经政法大学，2017.

现状，人均资源拥有量却较低，中国人均煤炭占有量仅为世界平均水平的67%、人均石油占有量仅为世界平均水平的5.45%、天然气人均占有量为世界平均水平的7.5%。

在能源消费需求不断增加的同时，我国的能源消费结构相对不合理，主要体现为：新能源比例低，常规能源煤炭使用多。我国每年一次性能源的消费比重均在90%以上，而风能、太阳能、生物质能等新能源的利用率仍然很低。煤炭是我国的主要能源资源，在我国的一次能源消费中，煤炭约占70%，而新能源使用比例仅占3%左右。因此造成了我国境内煤烟型污染比较严重以及二氧化碳排放强度高的主要原因之一。当前，我国正如火如荼地进行能源生产和能源消费革命，我国能源行业站在历史的转折点，迎接从产业结构到发展路径的深度变革。能源革命所指向的是清洁低碳，安全高效的现代能源体系，也是低碳、智能、共享的能源未来。在低碳发展路径上，中国政府对世界作出了庄严承诺：碳排放2030年左右达到峰值，并争取尽早达峰；单位GDP二氧化碳排放比2005年下降60%~65%；非化石能源占一次能源消费比重达到20%左右。同时，2017年我国碳交易市场在全国范围内全面铺开。

二、环境危机

伴随我国工业化进程的推进，粗放型经济增长模式导致环境污染问题日趋严重。在社会经济快速发展的同时，环境污染与治理的矛盾日益严峻，尤其是近几年来，PM2.5空气污染问题引起了巨大的公共危机，它已经超越了传统环境领域意义的环境危机，而上升到影响整个社会公共利益的危机。

实践证明，粗放型的经济增长模式严重影响了我国经济的长久可持续发展。由于人们对于经济效益的热衷和对金钱的崇拜，世界范围内自然生态平衡逐渐被打破，以破坏环境来换取表面上的经济增长的现象随处可见。这一现象在中国尤为严重，我国的环境形势不容乐观。

（一）土地沙漠化日趋严重

我国目前有沙漠化土地约7.1万平方千米，占国土面积的7.4%；戈壁面积5.7万平方千米，占国土面积的5.9%。更为严重的是，我国沙漠化土地每年正以2100平方千米的速度扩展，相当于每年减少两个香港的土地。

政府虽然实施了相关政策，如退耕还林，但效果微乎其微。土地沙漠化现象在我国西北地区尤为突出，这些地区原本就处于干旱和半干旱的脆弱生态环境之下，由于缺水，动植物多样性不像其他地区那么丰富。再加上人类的过度开发，如伐木毁林，破坏了生态平衡，从而导致土地肥力下降、质量退化，最终变成沙漠[①]。可以说我国土地沙漠化主要是由于过度的人类活动引起的。

（二）森林资源缺乏且急剧减少

经统计，在世界 160 个国家或地区中，我国森林覆盖率位居第 120 位，人均占有林地面积位居第 128 位，可见，我国森林资源极度缺乏，是世界森林资源最少的国家之一。森林资源的缺乏给我们的生产生活带来了极大的不便，同时也阻碍了我国经济的可持续发展。森林资源缺乏、林地面积急剧减少是由于人类过度伐木开垦、毁林造田，以及火灾、病虫害等原因引起的。森林面积的减少同时也加剧了水土流失、土地沙漠化等灾害。

（三）水土流失日益加重

水土流失是我国土地资源遭到破坏的最常见的地质灾害，以黄土高原地区最为严重。我国水土流失面积达 150 万平方千米，每年流入江河的泥沙量约为 50 亿吨，属于世界水土流失十分严重的国家之一。

造成我国水土流失严重的原因有两个方面，自然原因和人为原因。从自然方面来看，主要有多山，土质疏松，垂直节理发育，易冲刷；降水集中，多暴雨，冲刷力强；植被稀少，对地面的保护性差，易造成水土流失。从人为方面来看，主要有乱砍滥伐，植被破坏严重；不合理的耕作制度；开矿及其他工程建设对生态环境的破坏等。

（四）各种污染严重

在我国，各种污染日趋严重，包括大气污染、水污染、光污染、噪声污染、土壤污染、固体废弃物污染等。其中，水污染和大气污染尤为严重。改革开放以来，我们把经济建设作为一切工作的中心和重心，为了追求经济增

---

① 参见"浅谈我国当前存在的主要生态环境问题、产生原因及其解决方法"，百度文库，2018 年 10 月 8 日。

长，大肆发展第二产业，人们长期只片面地注重经济效益而置社会整体效益于不顾，先污染后治理曾是我们一度采用的发展策略。这种粗放式的发展模式不仅带来的是没有发展的增长，同时也给生态环境造成了巨大的破坏，严重威胁到人们的生存与发展。

三、人口老龄化

据统计，2015 年 60 岁及以上人口达到 2.22 亿，占总人口的 16.15%。预计到 2020 年，老年人口达到 2.48 亿，老龄化水平达到 17.17%，其中 80 岁以上老年人口将达到 3067 万人；2025 年，60 岁以上人口将达到 3 亿，成为超老年型国家。考虑到 20 世纪 70 年代末，计划生育工作力度的加大，预计到 2040 年我国人口老龄化进程达到巅峰，之后，老龄化进程进入减速期[①]。

人口老龄化会减少劳动力供给，降低劳动生产率。有效劳动力供给是确保经济发展的基本保障，人口红利是我国保持长期快速发展的重要因素。人口老龄化，尤其是劳动人口老龄化则会导致适龄劳动力比重下降，使我国丧失劳动力资源优势，会制约经济产业结构调整。我国目前正处于劳动密集型产业向资本、技术密集型产业转变的关键时期，需要大量懂技术、有文化、掌握多重技能的复合型人才的支撑。进入人口老龄化社会，必然伴随着大量劳动力随着年龄增长而出现创新能力、适应能力、知识更新能力的减弱，制约新兴产业的发展和产业结构的调整，导致劳动年龄人口负担加重。

第二节　中国温室气体排放情景分析

中国温室气体排放的总量和排放潜力都位居世界前列。这种排放趋势对我国经济社会与环境的可持续发展提出了严峻的挑战。了解中国在世界温室气体排放中的地位，中国温室气体排放的驱动力量与未来趋势有助于

---

① 2016 年中国人口老龄化现状：老龄化加速，中国成为世界老龄人口最多国家 [EB/OL]. http://www.chyxx.com/industry/201610/457005.html，2016-10-15 [2019-08-30].

了解中国温室气体排放权交易制度设计和实施的宏观背景。

一、历史累积排放情况

国家历史累积排放指标，反映了一国对全球碳排放空间的占用情况，体现的是一国应该承担的温室气体排放的历史责任。中国在历史上的排放量是很低的。1904~2004 年的 100 年间，中国的排放量只占全球的 8%。1950~2002 年，排放量也只占全球的 9%。

1900~2007 年的一百多年间，美国的温室气体累积排放居世界第一，约占这个时期全球排放的三分之一。中国历史累积排放量位居第二，占全球总排放的 8.9%，不及美国历史累积排放量的三分之一，但高于其他主要发达国家和发展中国家。不过，在 1950~2002 年，中国化石能源燃烧累积排放量占世界同期排放量的比例上升至 9.33%。

如果按人口平均的话，由于中国人口总数位居世界第一，因此人均历史排放量很低。根据《中国气候变化初始国家信息通报》，我国人均排放量一直低于世界平均水平；世界资源研究所的研究结果显示，1950~2002 年我国人均累计 61.7 吨，居世界第 92 位[①]。

二、现实排放状况

（一）排放总量位居世界第一

中国的碳排放总量目前缺乏实测的数据，采用的主要是经济增长 — 环境质量的简约式回归方程估算出的结果。2006 年，中国温室气体排放量接近全球总排放量的 20%，占全部发展中国家排放的 37%，其中能源活动相关的排放量占到约 96%（发改委能源研究所）。如果按照化石燃料的排放因子进行测试，我国与能源生产和消费相关的排放量超过了 60 亿吨煤当量，位居美国之后，排名世界第二。

（二）人均排放量到达世界平均水平

按照人头计算，美国的人均碳排放位居世界首位，其次是加拿大、澳

---

① 肖红蓉 . 中国温室气体排放权交易制度的构建与完善［D］. 武汉：武汉大学，2010.

大利亚和俄罗斯等国。中国 2007 年人均碳排放量为 5.2 吨，我国人均排放量约为美国的 20%、加拿大的 21%、澳大利亚的 25%、俄罗斯的 32%、德国的 42%、日本的 40%、韩国的 33%。尽管我国人均累积碳排放水平还很低，但当前的碳排放量已基本达到世界的平均水平。在"金砖四国"中，仅次于老牌工业化国家俄罗斯，是巴西（2.6 吨 / 人）的 2 倍，印度（1.3 吨 / 人）的 4 倍。

另据美国华盛顿的全球发展研究中心碳监测行动 2008 年公布的数据，全球因发电产生的排放为 114 亿吨，中国的排放为 31 亿吨，位居世界首位。美国居次席，排放总量为 28 亿吨。澳大利亚因发电产生的人均排放量超过了 10 吨，排名世界第一，美国的人均电力二氧化碳排放量约是中国的 4 倍[①]。

（三）碳排放强度较高

碳排放强度是指一国或地区在一定时期内单位 GDP 的二氧化碳排放量。该指标主要是用来衡量一国经济同碳排放量之间的关系。与碳排放总量目标不同的是，碳排放强度指标是一个相对的指标，它是相对于经济增长而言的碳排放水平的变化情况。降低碳强度，指的是生产单位 GDP 排放的二氧化碳数量。降低碳强度只是降低单位 GDP 排放二氧化碳的数量，不一定会产生二氧化碳总量减少的结果。

2007 年包括中国在内的世界主要发展中国家的碳排放强度。中国以 2.1 千克 / 美元排在首位，高于俄罗斯的 1.8 千克 / 美元和印度的 1.26 千克 / 美元。这说明，中国的经济增长是以较大的二氧化碳排放作为代价的。这同中国的经济发展模式有着密切的关系。尽管中国经济经历了近 30 年的高速增长，但是粗放的增长模式带来严重的能源和环境问题。能源利用的效率低、住宅使用寿命短、能源密集型产品出口量大都是导致我国碳排放强度高于其他发展中国家的重要原因，与其他发达国家的碳排放强度则相距更远。2007 年，欧盟 27 国的平均碳排放强度为 0.29 千克 / 美元。

因此，我国提出以碳排放强度作为衡量温室气体减排成果的标准。2009 年 11 月我国政府公布的控制温室气体排放的行动目标是，到 2020 年全国单

---

① 顾朝林等 . 气候变化、碳排放与低碳城市规划研究进展［J］. 城市规划学刊，2009（3）：40–41.

位 GDP 的二氧化碳排放比，即碳排放强度比 2005 年下降 40%~45%。

三、中国温室气体排放的驱动因素

在假定没有任何人为减排政策的前提下，未来温室气体排放的主要驱动力包括人口变化、经济社会发展和科技更新的速度和方向。人口、经济和科技这三个推动力和温室气体排放之间的联系十分复杂，尽管发展道路不同，但最后的温室气体排放量可能是相似的，不同类别下各情景的排放量所在区间也是相似的，没有一个推动力能成为排放量的唯一决定性因素。

（一）人口发展

中国人口和计划生育委员会副主任、国际人口方案管理委员会主席赵白鸽博士在 2009 年 12 月的哥本哈根气候大会上，就人口问题和气候变化的关系提出了这样的观点：人口问题已经成为影响气候变化的重大因素之一。联合国人口基金发布的世界人口状况报告明确指出，气候变化不仅仅是一个能源效率或工业碳排放问题，它也是一个人口动态、贫困和性别平等问题。中国在改革开放 40 多年间，温室气体排放的总量呈持续快速增长与中国的人口状况有着密切的关系。

人口因素在减排问题中的作用是巨大的。将人口增长和温室气体排放活动两组数据进行对照：一组是近百年来世界人口每增长十亿人所需的时间，另一组是同一时间里全球人类活动引起的温室气体排放的动态变化。这两组数据呈现了极大的相关性，随着人口的增加、人类活动的频繁，温室气体排放也大幅增加。

但是，在处理人口与温室气体排放的问题上，有三个常见的错误概念导致人们没有将人口问题看作气候变化的一部分。

第一，认为真正的问题在于消耗而非人口。把气候变化的原因完全归咎于发达国家过去的高排放量，而和人口增长以及发达国家的过度消耗无关。研究表明，发展中国家会因为人口增长和过度消耗问题在中期内排放量超过发达国家，因此减缓人口增长在长远来看会对减排有积极效应。

第二，认为在人口方面没有什么可以做的。其实过去几十年人口政策在降低生育率方面取得了巨大成效。

第三，认为加强人口政策会使之变成强迫措施。事实上无论是发达国家还是发展中国家都有大量的未被满足的计划生育要求。

人口规模是影响未来中国能源需求和二氧化碳排放的重要因素。在实现稳定低生育水平的前提下，未来中国人口仍将保持一定的增长速度，但由于人口基数大，即使是很低的增长率，人口绝对量的增加依然很大，由此带来的排放增长也将保持一定的规模。2008 年底中国的总人口为 13.28 亿。据国家人口和计划生育委员会国家人口发展战略研究课题组的预测，中国总人口将于 2020 年达到 14.5 亿人，2033 年前后达到峰值，约为 15 亿人，之后才缓慢下降。2008 年中国人均能耗约为 2 吨标准煤当量，仅为当年世界平均水平的 81%，OECD 国家的 1/3 左右，美国的 1/5 左右。如果维持在 2008 年的人均能源消费水平，到 2050 年，新增的两亿人口将使中国的能源需求比 2008 年增加 4 亿吨标准煤当量，如按照每吨标准煤排放二氧化碳 2.277 吨计算，相应增加二氧化碳排放约为 9 亿吨，而这仅为生存排放[①]。

（二）经济增长依赖能源消费

改革开放以后，中国经济持续快速增长，但经济持续快速发展的同时也带来了严峻的环境压力，主要表现为：经济快速增长带动能源消费总量不断攀升。近 30 多年来，我国能源消费以较快速度增长，与 GDP 增长大致上同步。经济增长依靠大量的能源消耗，在中国当前以煤炭等化石燃料为主要能源的能源结构下，从能源总量消耗递增的趋势可以推断我国温室气体排放量递增的趋势。据《BP 世界能源统计年鉴》显示，初步核算，我国 2016 年全年能源消费总量 43.6 亿吨标准煤，比 2015 年中国能源消费增长 1.5%。增速虽不到过去十年平均水平 5.3% 的三分之一。但中国仍是世界上最大的能源消费国，占全球消费的 23% 和全球净增长的 34%。由于特殊国情，中国在未来相当长的一段时间内以燃煤为主的能耗结构不会发生大的变化，因此在降低单位能耗的二氧化碳排放方面将面临更大的挑战。

（三）城镇化水平

中国作为世界上人口最多的发展中国家，长期以来城市化发展严重滞后于经济社会发展水平和工业化水平。2008 年中国城镇总数约为两万个左右，全国设有城市 655 个，其中地级城市 283 个，城镇人口 6.07 亿，占全

---

① 参见"中国应对气候变化国家方案"，2007 年。

国总人口的45.68%。按照到2050年中国达到中等发达国家水平、初步实现现代化的目标要求，预计到2050年中国的城镇化率将达到70%~80%，这意味着在未来40年内，中国将有约4.7亿~6.2亿人口从农村转移到城镇[①]。由此所带来的居住、就业、生活和消费方式等方面的深刻变化，不仅涉及社会经济问题，也涉及资源和能源问题。在能源需求方面，农村人口的生活用能水平只有城镇居民人均水平的一半左右。如果仅仅维持在目前城镇和农村居民人均生活用能水平，到2050年，由于城镇化水平的提高，中国生活用能需求将新增0.8亿吨标准煤当量左右，增加二氧化碳排放约为1.8亿吨，这也仅仅是满足基本的生存排放。

（四）工业发展水平

中国目前正处于工业化快速发展阶段，能源、原材料、交通运输等部门仍是中国的主要基础产业。未来中国的基础设施仍将继续得到大规模建设和发展，各种高能耗产品的产量还会持续增长一段时间。以钢铁为例，2000年中国粗钢产量为1.29亿吨，消耗能源约1.70亿吨标准煤当量，到2005年粗钢产量达到3.53亿吨，消耗能源约3.7亿吨标准煤当量。据专家估计，未来中国的钢铁工业还将在调整结构的同时得到一定的发展，2020年钢铁产量将达到6.1亿吨左右[②]。如果没有重大的技术引进和突破，届时中国钢铁生产的能源消费将接近5.0亿吨标准煤当量，相应的温室气体排放也必然增加。再以水泥为例，2000年中国水泥产量为5.97亿吨，消耗能源约1亿吨标准煤当量，到2005年水泥产量达到10.6亿吨，消耗能源约1.6亿吨标准煤当量。据专家估算，到2020年中国水泥产量将达到16亿吨（姜克隽，2009），相应的能源消费和温室气体排放也将继续增加。

（五）公路交通发展

中国在交通能源需求水平和机动车拥有率方面与发达国家相比有很大的差距。在发达国家，交通能源需求占全部能源需求的三分之一甚至更高，而在中国这一比例只为15%左右，个人短途出行多依赖于自行车和公共交

---

① 蔡博峰.中国城市二氧化碳排放研究［J］.中国能源，2011（6）：28-32，47.

② 国家发展和改革委员会，能源研究所课题组.中国2050年低碳发展之路［M］.北京：科学出版社，2009.

通。未来几十年里，随着收入的提高，中国民用汽车尤其是家庭小汽车的增长速度将会十分迅猛，私人汽车的比例将大大提高。以北京为例，1980年仅有家庭轿车22辆，到2008年，北京市家庭轿车的拥有量已经达到174.4万辆，以年平均49.6%的速度递增。预计到2020年，北京市家庭小轿车保有量将接近400万辆，相当于东京20世纪80年代初的水平，将完全步入汽车化行列。就全国范围而言，这一趋势也是不可逆转的，随之而来的是对石油产品需求的急剧增长和二氧化碳等温室气体排放量的大幅上升。

（六）收入效应

改革开放不仅"富国"，而且"强民"。中国城乡居民的生活也因为改革开放而发生了翻天覆地的变化。改革开放之前，居民的温饱问题都得不到解决，现在，人民生活基本实现了从温饱向总体小康的迈进。1978年城镇居民的人均可支配收入仅为343元，2016年则为47237元，农村地区人均可支配也由1978年的134元上升到2016年的12363元。城乡居民财富的快速增长和贫困人口的大幅减少，为居民消费总量的增加和消费质量的改善奠定了坚实的基础。随着收入的增加，家庭对于耐用消费品，如电视机、洗衣机、冰箱、空调等的需求明显增加，汽车、摩托车等代步工具也逐渐进入城乡居民家中。人均收入的增加带动城乡居民消费结构的变化，特别是汽车和家电产品消费量的增加，导致居民生活能源消费快速增长和二氧化碳等温室气体排放量的大幅增长。

四、中国未来温室气体排放情景预测

国际社会普遍认为，中国未来的能源需求将进入高增长阶段，温室气体排放也将随之开始增长。国家能源署（IEA，2007）和美国能源信息署（EIA）认为，如果2030年前中国GDP保持年均6%~7%的增速，2020年的能源需求将超过40亿吨煤当量，2030年超过60亿吨煤当量。按照我国制定的社会经济发展目标，我国将在21世纪中叶达到中等发达国家水平。这就意味着我国人均能源消耗也将上升，按照发达国家的发展情况来看，可能会超过4吨煤当量/人。此外，我国的能源技术装备也将达到世界先进水平。假定2050年中国的人口为15亿，那么届时我国能源消费总量可能达到78亿吨煤当量，温室气体减排面临的挑战将非常巨大。

在 IPCC 排放情景的研究结果中，在不采取气候变化对策的情况下，我国 2050 年之前温室气体排放将快速增长，2050 年之后增长速度有可能下降。2100 年中国在世界二氧化碳排放量中的比例有可能降低，在 10%~20% 之间。

第三节　气候变化对中国的可能影响与挑战

气候变暖是一个不争的事实，气候变暖也是全球共同面临的重大挑战。20 世纪中国的气候变化趋势与全球的总趋势基本保持一致。一是近百年来观测的结果显示，中国的平均气温上升幅度为 0.5~0.8℃，略高于全球平均增幅，且最暖的时期出现在近十年间。从地区分布看，中国气候变暖最明显的地区是西北、华北和东北；从季节分布看，冬季增温最为明显。二是从降水来看，中国年均降水量变化趋势不显著，但区域降水变化波动较大。中国年平均降水自 20 世纪 50 年代以来呈逐渐减少的趋势，平均每十年减少 2.9 毫米。近 50 年来，华北地区出现了暖干化趋势，而南方洪涝灾害加剧。三是气候变化导致中国主要极端天气与气候事件的频率和强度出现了明显变化。华北和东北地区干旱趋重，长江中下游地区和东南地区洪涝加重。四是近 50 年来，中国沿海海平面年平均上升速率为 2.5 毫米，略高于全球平均水平。五是中国山地冰川快速退缩，并有加速趋势。

根据初步的研究结果预测，中国未来气候变暖的速度将进一步加快。与 2000 年相比，2020 年中国年平均气温将升高 1.3~2.1℃，2050 年将升高 2.3~3.3℃。全国温度升高的幅度由南向北递增，西北和东北地区温度上升明显。预测到 2030 年，西北地区气温可能上升 1.9~2.3℃，西南可能上升 1.6~2.0℃，青藏高原可能上升 2.2~2.6℃。在未来 50~80 年全国平均气温有可能上升 2~3℃，北方地区的干旱化趋势将持续。此外，未来 50 年中国年平均降水量将呈增加趋势，预计到 2020 年，全国年平均降水量将增加 2%~3%，到 2050 年可能增加 5%~7%。其中东南沿海增幅最大。未来 100 年中国境内的极端天气与气候事件发生的频率可能增大，这将对经济社会发展和人们的生活产生很大影响。中国干旱区范围可能扩大、荒漠化可能性加重。中国沿海海平面仍将继续上升。青藏高原和天山冰川将加速退缩，一些小型冰川将消失。

由此可见，气候变化将继续对我国自然生态系统和社会经济系统产生重要影响。

一、气候变化对中国的主要影响

（一）对农业的影响

最新的研究表明，气候变化对中国农业的影响是显著的。在不采取任何应对措施的情况下，21世纪后半叶中国主要农作物的产量最多可能下降37%；未来20~50年的农业生产将遭受严重的冲击。我国超长期的粮食安全将面临极大的挑战。此外，为应对气候变暖给农业生产供水带来的变化，农业生产成本和投资需求将大幅度增加。

半干旱地区潜在的荒漠化趋势增加，草原界限有可能上升380~600米，高山草地面积减少但生产力增加13%~23%。草原承载力和载畜量的分布格局将发生较为明显的变化。

（二）对森林和其他生态系统的影响

气候变化将导致我国森林生产力增加1%~10%，从东南向西北递增。冰川面积将萎缩，估计到2050年减少27.2%。未来50年西部地区冰川融水总量不断增加，预计到2030~2050年到达高峰，年增长20%~30%。

此外，未来50年，青藏高原多年冻土的空间分布格局也将发生较大的变化，80%~90%的岛状冻土发生退化，积极融化深度增加，表层冻土面积将减少10%~15%，冻土下界抬升150~250米。

（三）对水资源的影响

气候变暖可能导致北方河流径流量减少、南方径流量增加、各流域年平均蒸发量增加。其中淮河及内陆湖地区的蒸发量可能增加15%左右，导致旱涝等灾害的出现频率增加，加剧水资源的不稳定性和供需矛盾。预计2010~2030年我国西部地区年缺水量约为200亿立方米。

（四）对海岸地区社会、经济和环境的影响

风暴潮极端气候事件是气候变化影响中国沿海地区的主要方式。黄河、

长江和珠江三角洲是最为脆弱的地区。到 2030 年我国沿海地区海平面可能上升 0.01~0.16 米，导致许多海岸地区遭受洪水泛滥的机会增加、遭受风暴潮影响的程度增加，由此引起海岸滩涂湿地、红树林和珊瑚礁生态圈遭到破坏，海岸侵蚀，海水入侵地下淡水层，沿海土地盐渍化等问题。

（五）气候变化的其他影响

气候变化还可能引起热浪频率和强度的增加，某些传染性疾病发生和传播的概率会随着气温的上升而增加。气候变化引起的雪山融化和海平面的上升还可能导致山区和海岛地区旅游景点的变迁，从而影响自然人文旅游资源以及旅游者的安全。此外，由于我国气候的特点导致我国温度变化的幅度大于同纬度地区，使得冬季采暖和夏季空调的用气用电问题更加突出，未来电力和天然气的供应压力将不断增大。

二、中国面对的挑战

中国作为最大的发展中国家，应对气候变化面临巨大的挑战。一是应对气候变化基础差。中国人口众多，人均资源占有量低，生态环境脆弱，气象灾害频发。二是应对气候变化能力弱。中国经济发展水平较低，低碳政策研究水平低，低碳技术开发水平较低。三是应对气候变化压力大。中国能源需求不断增加且能源结构以煤为主，转型难。一些国家希望在我国承担发达国家水平减排、提供资金等义务，损害中国国家利益[①]。

中国作为一个负责任的发展中国家，制定的《中国应对气候变化国家方案》，明确了 2010 年中国应对气候变化的目标、基本原则、重点领域及其政策措施。中国将努力建设资源节约型、环境友好型社会，为保护全球气候继续做出贡献。《中国应对气候变化国家方案》也提到了中国面对的主要挑战：

（一）对中国现有发展模式提出了重大的挑战

未来随着中国经济的发展，能源消费和二氧化碳排放量必然还要持续增长，减缓温室气体排放将使中国面临开创新型的、可持续发展模式的挑战。

---

① 樊万选.气候变化的科学认知与中国面对的挑战［J］.林业经济，2017（6）：16-19，31.

（二）对中国以煤为主的能源结构提出了巨大的挑战

以煤为主的能源资源和消费结构在未来相当长的一段时间将不会发生根本性的改变，使得中国在降低单位能源的二氧化碳排放强度方面比其他国家面临更大的困难。

（三）对中国能源技术自主创新提出了严峻的挑战

中国目前正在进行的大规模能源、交通、建筑等基础设施建设，如果不能及时获得先进的、有益于减缓温室气体排放的技术，则这些设施的高排放特征就会在未来几十年内存在。

（四）对中国森林资源保护和发展提出了诸多挑战

中国生态环境脆弱，现有可供植树造林的土地多集中在荒漠化、石漠化以及自然条件较差的地区，给植树造林和生态恢复带来巨大挑战。

（五）对中国农业领域适应气候变化提出了长期的挑战

如何在气候变化的情况下，合理调整农业生产布局和结构，改善农业生产条件，确保中国农业生产持续稳定发展，对中国农业领域提高气候变化适应能力和抵御气候灾害能力提出了长期的挑战。

（六）对中国水资源开发和保护领域适应气候变化提出了新的挑战

如何在气候变化的情况下，加强水资源管理，优化水资源配置；加强水利基础设施建设，保障人民群众的生活用水，确保经济社会的正常运行对中国水资源开发和保护领域提高气候变化适应能力提出了长期的挑战。

（七）对中国沿海地区应对气候变化的能力提出了现实的挑战

沿海地区是中国人口稠密、经济活动最为活跃的地区，中国沿海地区大多地势低平，极易遭受因海平面上升带来的各种海洋灾害威胁。未来中国沿海由于海平面上升引起的海岸侵蚀、海水入侵、土壤盐渍化、河口海水倒灌等问题，对中国沿海地区应对气候变化提出了现实的挑战。

从世界各国的经济发展史看，经济发达水平、二氧化碳人均排放量及商品能源消费量有明显相关关系。同样，中国经济的高速增长使其对能源需求始终保持强劲增长的态势。

21世纪初，国家发展规划总体纲要中提出，到2020年GDP比21世纪初翻两番，能源需求增加一倍，即全国总体能耗由2000年的15亿吨标准煤提升至2020年的30亿吨标准煤。但根据国家统计局资料显示，2009年全年能源消费总量竟然达到31.0亿吨标准煤。提前11年突破了能耗指标。到2010年，中国GDP总量首次超过日本，而日本2010年能耗总量不足中国的1/7。2011年我国能源消费总量为34.9亿吨标准煤，2012年我国能源消费总量为35.8亿吨标准煤，2013年我国能源消费总量为37.1亿吨标准煤，2014年我国能源消费总量为37.9亿吨标准煤[1]。

国际社会普遍认为，中国未来的能源需求将进入高增长阶段，温室气体排放也将随之开始增长。国家能源署（IEA，2007）和美国能源信息署（EIA）认为，如果2030年前中国GDP保持年均6%~7%的增速，2020年的能源需求将超过40亿吨煤当量，2030年超过60亿吨煤当量。按照我国制定的社会经济发展目标，我国将在21世纪中叶到达中等发达国家水平。这就意味着我国人均能源消耗也将上升，按照发达国家的发展情况来看，可能会超过4吨煤当量/人。此外，我国的能源技术装备也将达到世界先进水平。假定2050年中国的人口为15亿，那么届时我国能源消费总量可能达到78亿吨煤当量，温室气体减排面临的挑战将非常巨大。

第四节　中国应对气候变化的策略

气候变化对中国的影响是显著的、多方面的和深远的。气候变化问题是发展中出现的问题，应对气候变化的政策措施也要与国民经济发展的总体战略相结合。就是要把应对气候变化和实施可持续发展战略相结合，把加快建立资源节约型社会、环境友好型社会和创新型国家紧密结合起来。在

---

[1]　樊万选等.气候变化的科学认知与中国面对的挑战［J］.林业经济，2017（6）：16-19，31.

减缓温室气体排放的同时，加强适应气候变化的能力。减缓排放主要通过控制增量，适应气候变化就是对已经引起的气候变化要提高适应能力，防灾减灾，努力将负面影响降到最小范围。减缓排放或控制增量的途径包括少排放、多吸收和再利用。由于温室气体排放与能源使用关系密切，因此少排放就是要减少能源消耗。节能则是减排的最主要途径。作为二氧化碳最主要的天然碳汇，加大植树造林可以吸收大量的二氧化碳，提高全国森林覆盖率能有效降低空气中的二氧化碳浓度。"再利用"指的是对排放的温室气体回收再利用，一方面减少增量，另一方面变废为宝。

一、应对气候变化的目标

《中国应对气候变化国家方案》中明确规定中国应对气候变化要严格坚持"以控制温室气体排放、增强可持续发展能力为目标"。中国应对气候变化的总体目标是"控制温室气体排放取得明显成效，适应气候变化的能力不断增强，气候变化相关的科技与研究水平取得新的进展，公众的气候变化意识得到较大提高，气候变化领域的机构和体制建设得到进一步加强。"

2009 年 12 月在哥本哈根气候大会召开之前，我国公布了 2020 年新的温室气体减排目标。

首先是二氧化碳排放量目标：到 2020 年，我国单位 GDP 二氧化碳排放比 2005 年下降 40%~45%，作为约束性指标纳入国民经济和社会发展中长期规划，并制定相应的国内统计、监测、考核办法。

其次是能源消费目标：通过大力发展可再生能源、积极推进核电建设等行动，到 2020 年，我国非化石能源占一次能源消费的比重达到 15% 左右。

最后是植树造林目标：通过植树造林和加强森林管理，森林面积比 2005 年增加 4000 万公顷，森林蓄积量比 2005 年增加 13 亿立方米。

二、应对气候变化的指导原则

《中国应对气候变化国家方案》中提出了中国应对气候变化要坚持的六项基本原则：

（1）在可持续发展框架下应对气候变化的原则。

（2）遵循《联合国气候变化框架公约》规定的"共同但有区别的责任"原则。

（3）减缓与适应并重的原则。

（4）将应对气候变化的政策与其他相关政策有机结合的原则。

（5）依靠科技进步和科技创新的原则。

（6）积极参与、广泛合作的原则。

三、中国温室气体减排措施

（一）经济结构调整

产业结构的失衡和产业结构的重工业化，导致了资源、能源的高消耗，温室气体的高排放，对环境造成了高污染。中国非常重视经济结构和产业结构的调整，主要内容是调整国民经济中三次产业所占的比重，即逐步降低高能耗、高排放和高污染的工业在国民经济中的比重，同时努力提高低能耗、低排放和低污染的第三产业的比重。此外，第二产业也要进行结构调整，加快发展附加值高，能源利用效率高的产业，如电子、信息产业等。近年来我国陆续关停高能耗企业，高能耗企业在为社会创造财富的同时，也带来了一定的影响。首先，对资源的影响。供电量剧增，引起了工业结构深层次矛盾；而其中的不可再生资源消耗量过大，对未来的能源危机埋下了隐患。其次，对周边居民的生存环境也产生了一定的影响。大量关停高能耗企业无疑体现了我国政府治理污染、减少温室气体排放和提高能效的决心。关闭高能耗企业的同时，我国新兴产业发展表现突出。2016 年，工业战略性新兴产业、高技术制造业、装备制造业保持较快增长，增加值分别增长 10.5%、10.8%、9.5%，占规模以上工业增加值的比重为 45.3%。六大高能耗行业增加值增长 5.2%，占规模以上工业增加值的比重降至 28.1%。一些高技术产品开始走向世界：雅万高铁等一批高铁项目正在推进；华为已经成为国际电信市场的主流供应商，华为手机已进入全球 41 个国家和地区的前十名，遍及亚非美欧。再次，新业态、新模式如雨后春笋般出现。网络购物渐成主流，网上商品和服务零售额保持两位数增长，2016 年达 26.2%，占社会消费品零售总额的 15.5%，比重较去年上升 1.9 个百分点。最后，新产品、新服务快速增长，2016 年工业机器人、光电子器件、运动型多用途乘用车和太阳能电池产量增长迅速，同比分别增长 34.3%、38.7%、38.6%、17.8%。另外，分享经济广泛渗透，跨境电商、共享单车、智能家庭、在线医疗等新服务模式方兴未艾。

（二）改善能源结构

根据中国已探明的资源可采储量，分析得到了我国资源贫油，少气，富煤的特点，而这也决定了在我国的能源结构中，煤炭消费比重较大，比世界平均高 41.5 个百分点，而石油低于世界平均水平 16 个百分点，天然气低了 20.5 个百分点。这种以煤炭为主的能源结构在将来的几十年内都不会发生太大的变化，煤炭在未来的一段时间仍然是我国最为重要的化石能源。

我国对于煤炭能源的依赖程度很大，这导致了我国能源利用效率低下，以致经济效益较差，最终产品缺乏竞争力，与此同时还对生态环境造成了不可磨灭的影响。由此可见，现阶段我国以煤为主的能源结构不利于经济、能源和环境的协调发展，最终可能导致我国经济的崩溃。目前，我国经济面临着新的发展和优化，而能源结构则是其中的重中之重，面临着改善和调整的严峻挑战。

相较于世界发达国家来说，我国的能源技术较为落后，特别是以煤为燃料的中间转换装置和以煤为燃料的终端能源利用装置效率都很低。核心技术的落后，导致了煤的利用效率低，煤炭资源浪费严重，致使我国的能源利用效率处于世界最低的一类。

我国的能源结构中以化石能源为主，而化石能源则以煤为主，严重地污染了环境。根据调查，全国二氧化硫排放量的 90%，烟尘排放量的 70%，二氧化碳排放量的 70% 都来自煤炭的燃烧。根据相关文件显示，我国二氧化硫排放量占全球总排放量的 15%，居世界第一位，二氧化碳的排放量占全球总排放量的 13%，居世界第二，这对我们赖以生存的环境造成了极大的威胁。同时《中华人民共和国环境保护法》（2014 年修订）第六十四条因污染环境和破坏生态造成损害的，应当依照《中华人民共和国侵权责任法》的有关规定承担侵权责任。随着世界对于环境的愈加重视，我国能源结构也将面临巨大挑战。

改善能源结构，通过国家政策引导和资金投入等方式大力发展清洁能源和可再生能源。积极开发替代能源，大力发展开发风能、太阳能、地热能、生物质能、潮汐能等自然资源的重复、循环利用。由于化石能源日益枯竭，在解决化石能源不足以及环境保护的压力下使得许多国家已经开始发展新能源。发达国家已经取得了不俗的成果，而与世界先进国家比较我国在能源高新技术和前沿技术领域还有相当大的差距，能源科技自主创新任重道远。我们要重视科技和创新，加大新能源的开发力度，努力摆脱不可再生能源的束缚和解决环境污染、气候变化问题。

（三）低碳发展

低碳发展是一种以低耗能、低污染、低排放为特征的可持续发展模式，对经济和社会的可持续发展具有重要意义。可持续发展是科学发展观的内在要求，发展低碳经济有利于"资源节约型，环境友好型"的两型社会建设，达到人与自然和谐相处。

党的十八大首次把绿色发展、循环发展和低碳发展三大发展理念写入报告，并且具体提出从资源和环境的空间格局、产业结构、生产生活方式三个方面上做到：优化国土空间开发格局，全面促进资源节约，加大自然生态系统和环境保护力度，加强生态文明制度建设。

低碳发展是"低碳"与"发展"的有机结合，一方面要降低二氧化碳排放，另一方面要实现经济社会发展。低碳发展并非一味地降低二氧化碳排放，而是要通过新的经济发展模式，在减碳的同时提高效益或竞争力，促进经济社会发展。我国作为发展中国家，虽然短期内不能在国际社会承诺进行碳排放总量的控制，但从可持续发展的角度考虑，推进低碳发展迫在眉睫。

城市作为人类经济活动中心和社会发展的心脏，是应对气候变化和发展低碳经济的主体，向低碳城市转型已经成为世界城市发展的趋势。城市在发展过程中要应对气候变化，减少温室气体排放，降低能耗和资源消耗，在发展经济的同时更要保护环境和资源，低碳可持续发展模式是最佳也是必然的选择。要减缓全球气候变化，必须制定全方位的政策，从调整能源结构、提高能源效率、改善城市规划等各方面入手，减少温室气体排放。随着极端天气事件趋向增多，城市管理者应该立即对这些影响做出计划，而不是留待以后。对气候变化影响没有普遍适用的解决方案，每个城市现状都不相同，应根据城市的具体情况制定对策。因此气候变化中的城市责任说明城市低碳建设及可持续发展的必要性。

实践证明，城市有能力应对气候变化。通过有意识的城市规划和管理，有助于减少气候变化不利影响的风险，促进城市向低碳经济转型。城市的发展很大程度上取决于其在低碳经济时代来临时的应对调整能力，解决气候问题，实现城市发展的低碳化，是城市未来发展的主导方向之一。

第 三 章

北京建设低碳城市的挑战与机遇

2010 年北京十三届人大三次会议上,《政府工作报告》将 "建设世界城市" 定为北京的发展方向。由于温室气体排放量已影响到全世界的气候变化, 全球变暖成为日益严重的环境问题,为了实现可持续发展,城市的低碳化发展已经成为必然趋势。北京要发展成为世界城市,就必须成为低碳发展的引领者。因此,我们必须清醒地认识到北京发展的外部环境, 深刻理解北京与外部世界的物质能量交换, 才有助于实现北京世界城市目标的发展战略。

第一节　北京经济发展与温室气体排放现状

一、北京温室气体排放现状

温室气体指的是大气中能吸收地面反射的太阳辐射,并重新发射辐射的一些气体。1997 年制定的《京都协议书》中明确规定温室气体为二氧化碳、甲烷、氧化亚氮、氢氟烃、全氟化合物和六氟化硫六种气体。北京市温室气体排放主要来源于能源活动、工业生产活动、农业活动、土地利用变化和林业、城市废弃物处理等,其排放来源清单如图 3-1 所示,排放构成如图 3-2 所示。

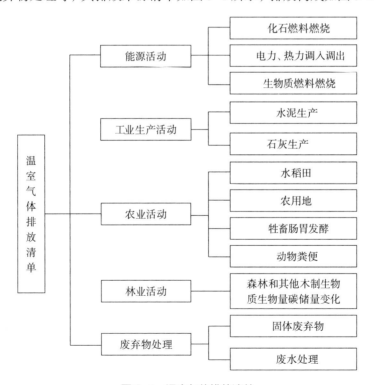

图 3-1　温室气体排放清单

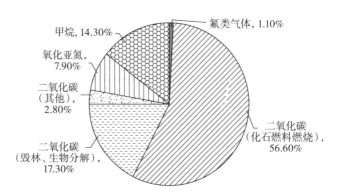

图 3-2 北京温室气体种类及构成

从图 3-2 中可以看出，二氧化碳是最重要的温室气体，占温室气体排放总量的 76.7%，其中化石燃料燃烧排放的二氧化碳占 56.6%，毁林和生物分解占 17.3%，其他占 2.8%。氧化亚氮、甲烷和氟类气体分别占 7.9%、14.3% 和 1.1%。

二氧化碳排放的结构如图 3-3 所示，2009 年，北京市二氧化碳排放量为 1.45 亿吨，其中发电和供热部门占 48.15%，工业部门占 21.56%，交通运输部门占 10.86%，商业部门占 10.35%，居民生活占 7.39%，建筑业和农业占 1.69%。

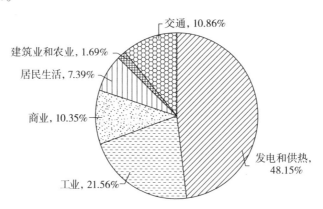

图 3-3 北京温室气体排放部门构成

联合国人居署的研究指出，目前，发达国家的城市如纽约、伦敦、东京等属于建筑主导型的排放，中等发达地区的城市如香港等属于交通主导型的排放，而发展中国家的城市如北京、上海等属于工业主导型的排放。北京的二氧化碳排放结构正好体现工业高于交通、交通又高于建筑的特征，这表明北京的能源消耗很大程度上与经济规模扩张有关，而不是与生活水平提高有关。随着城市发展升级和产业结构调整，北京生产性的二氧化碳排放比重正在不断下降。但是随着消费水平的进一步上升，建筑与交通导致的二氧化碳排放比重却在大幅度上升。

二、北京市二氧化碳排放总量

鉴于当前我国尚未有关于城市层面二氧化碳排放的统计数据，本书借鉴《2006 年 IPCC 国家温室气体清单指南》，基于能源消耗量情况以及二氧化碳排放系数来估算二氧化碳的排放情况，考虑到 70% 的二氧化碳是源于化石燃料的燃烧，故二氧化碳排放量计算公式为：

$$CO_2排放量 = \sum_i (燃料消费量_i \times 燃料排放因子_i) \qquad (3-1)$$

其中：①i 为燃料品种，以《中国能源统计年鉴》中对化石能源品种的划分为基础进行计算，主要包括原煤、焦炭、汽油、柴油和天然气等能源在内的 18 种能源。

②各化石燃料消费量可在《中国能源统计年鉴》地区能源平衡表中获得，计算公式为：

$$燃烧消费量 = \sum_i (能源加工转换量_i \times 各行业终端能源消费量_i) \qquad (3-2)$$

③燃料排放因子由式（3-3）与式（3-4）共同决定：

燃烧排放因子$_i$ = 燃烧热值$_i$ × 基于燃料热值的燃烧排放因子$_i$ （3-3）

基于燃料热值的燃料放排因子$_i$ = 碳氧化率$_i$ × 基于热值燃料含碳量值$_i$ ×

$$\frac{44}{22} \times 10^{-6} \qquad (3-4)$$

我们可以得到历年北京市二氧化碳排放量（见表 3-1）：

表 3-1　1995~2009 年北京 CO₂ 排放量

单位：万吨

年份	CO₂ 排放量	年份	CO₂ 排放量
1999	11969.27	2007	16685.25
2000	12935.3	2008	16311.67

年份	CO_2排放量	年份	CO_2排放量
2001	12342.1	2009	16749.42
2002	12274.63	2010	17766.70
2003	13400.81	2011	17490.97
2004	13515.56	2012	17921.50
2005	14615.70	2013	16907.65
2006	15587.55	2014	16900.47

2014年北京的二氧化碳排放达到了16900万吨左右，2014年北京常住人口为2151.6万，折合人均二氧化碳已经接近7.85吨左右。目前世界的人均二氧化碳排放为6.4吨，我国的人均二氧化碳排放是7吨左右，因此北京人均二氧化碳排放高于世界人均二氧化碳排放水平和我国人均二氧化碳排放水平，已经接近欧洲发达国家的人均二氧化碳排放水平。

三、二氧化碳排放与经济发展关系

由于历史原因，北京的产业结构从中华人民共和国成立前的消费城市，一跃成为工业门类齐全的重化工业基地。改革开放以来，经过几轮的调整和搬迁，北京的产业结构明显呈现轻型化趋势，以现代服务业为主要内容的第三产业比重已经与发达国家持平，2009年超过75%。《北京市"十一五"时期产业发展与空间布局调整规划》中，针对资源环境约束突出的问题，明确提出要退出高能耗、高物耗、高污染、低附加值以及破坏人文生态环境的行业；实施污染扰民企业搬迁政策，实行"升级、淘汰"相结合，促进污染严重的产业调整搬迁，优化疏解城市功能。对此，按照这一规划的要求进行了产业筛选评价，相应地做了首钢、东方石化、焦化厂等企业的搬迁调整工作，也加大了促进房山、门头沟煤矿关闭后的产业转型的力度等。

不仅如此，北京的公共交通事业也获得了长足发展，初步建成了全国最好的公共交通体系，尽管北京的城市交通拥堵常为人所诟病。在能源消费结构上，大力推行天然气，减少煤炭消耗，目前已有陕京一线、二线保证天然气供应，陕京三线已经开建，气源主要在长庆油田和土库曼斯坦、哈萨克斯坦等地区。与其他省份不同，北京市天然气主要是民用。公交是第一用油大户，目前已在 4000 辆公交车上推行了天然气燃料，全年消耗 30 多万吨。此外，《北京城市总体规划（2004~2020）》的修编，正确认识到北京城市发展在我国重要战略机遇期中的地位和作用，深入分析城市发展的重要条件，尤其是资源环境的承载能力，科学地确定了北京的城市性质、目标与规模，为有效配置城市发展资源、合理规划城乡发展空间、促进北京经济社会和环境的协调发展奠定了基础。

北京市的经济增长相对于二氧化碳表现为相对脱钩的状况，即经济的增长速度高于二氧化碳排放的增长速度。"十一五"时期以来的节能减排导致了北京近年单位产值能耗的不断降低。另外，由于经济的高速增长和规模扩张，北京的能源消耗与二氧化碳排放总量却是持续增长的。这是因为结构调整和技术改进的效果被经济规模扩张所抵消，即所谓反弹效应。

自 2001 年以来，北京市在温室气体减排方面做了大量积极有效的工作，尽管能源消耗量和二氧化碳排放量仍然逐年上升，但是增长速度有所减缓，且单位 GDP 二氧化碳排放量逐年下降，取得了令人瞩目的成绩。据测算，2001~2007 年北京共计耗能减少量为 3020.2 万吨标准煤，合计二氧化碳减排量为 7853 万吨，即每年减排 1122 万吨，单位 GDP 的二氧化碳排放量下降了 46.5%，如图 3-4 所示。

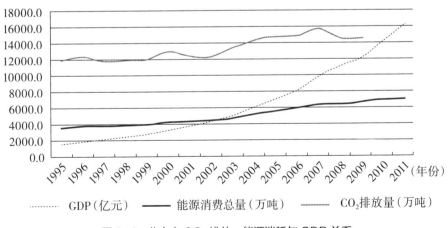

图3-4　北京市 CO_2 排放、能源消耗与 GDP 关系

四、二氧化碳排放与产业结构的关系

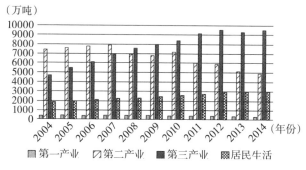

（万吨）

2004 2005 2006 2007 2008 2009 2010 2011 2012 2013 2014（年份）

■第一产业　▨第二产业　■第三产业　▨居民生活

图3-5　2004~2014年北京市各产业二氧化碳排放量

图3-5展示了2004~2014年北京市各产业温室气体排放量，可以发现：①第一产业的温室气体排放量在2004~2014年整体呈现先增大再减小的变化趋势，由2004年的381.07万吨增加至2007年的457.25万吨，达到核算时间内排放峰值，并在随后的2008~2014年以4.04%的年平均下降率逐年降低。②第二产业的温室气体排放量在2004~2007年缓慢增长，但2007年后以6.6%的年平均下降率快速下降，净减少量达2965.61万吨，其中2010年排放量虽相对有所回升，但不影响整体下滑趋势。③第三产业的温室气体排放量在2004~2012年一直呈上升趋势，2012年排放量是2004年排放量的2.03倍，净增长量高达4841.87万吨，2013年排放量出现小幅回缩。④居民生活温室气体排放量在2004~2014年中持续稳步上升，在2013年达到3053.52万吨，年平均增长率达5.07%。

表3-2　2004~2014年北京市各产业温室气体排放强度

单位：吨/万元

产业＼年份	2004	2005	2006	2007	2008	2009	2010	2011	2012	2013	2014
第一产业	4.47	5.37	5.04	4.60	4.08	3.86	3.28	2.98	2.70	2.36	2.16
第二产业	4.03	3.74	3.55	3.15	2.65	2.42	2.16	1.64	1.48	1.22	1.07
第三产业	1.14	1.13	1.04	0.97	0.89	0.86	0.79	0.73	0.70	0.60	0.57

如表3-2所示，2004~2014年北京市第一、二、三产业温室气体排放强度均呈现下降趋势，其中：①第二产业排放强度降幅最大，从2004年的4.03吨/万

元下降至 1.07 吨 / 万元，下降了 73.45%。②第一产业排放强度在 2005 年后稳步下降，年下降率达 9.7%。③第三产业的排放强度下降速度远低于第一产业和第二产业，在 2004~2014 年以 0.057 吨 / 万元的年平均下降量稳步下降。

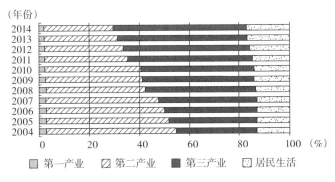

图 3-6 2004~2014 年北京市温室气体排放产业结构

图 3-6 展示了 2004~2014 年以来北京市温室气体排放产业结构变化特点。总体来说，北京市第三产业和居民生活所造成的温室气体排放在城市总排放中的比例稳步上升，其中第三产业排放量比例由 2004 年的 32.58% 增长至 2014 年的 53.43%，居民生活排放量比例则由 2004 年的 12.96% 增长至 2014 年的 17.18%。与之相反，第二产业排放量所占比例迅速下降，由 2004 年的 51.80% 下降至 2014 年的 27.46%。第一产业排放量所占比例则变化较小一直在 1.9%~2.7% 之间浮动。

五、二氧化碳排放与能源结构的关系

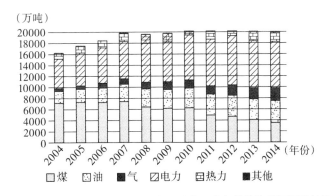

图 3-7 2004~2014 年北京市能源消费温室气体排放能源品种结构

图 3-7 展示了不同品种能源对北京市 2004~2014 年能源消费温室气体排放量的贡献，从图 3-7 中可以看出北京市能源温室气体排放量总体呈现增长趋势，但各能源品种温室气体排放量变化差异较大。①煤炭消费温室气体排放量逐年递减，2014 年排放量相对 2004 年下降 3642.02 万吨，在能源排放中所占比重由 43.88% 下降至 17.62%，年平均下降 2.6 个百分点。②油品温室气体排放量在 2004~2014 年整体呈稳定增长趋势，年均增幅 7%，在能源总排放中比重在 2004~2009 年增长较快并在 2011~2013 年趋于稳定（18%），2014 年比重增加至 19.5%。③天然气作为近年来增长需求较快的能源，其温室气体排放量在 2004~2014 年增加了 3.35 倍，年平均增长 181.65 万吨且在能源消费总排放量中所占比例由 3.32% 增长至 11.81%，成为能源消费排放的重要排放源。④同天然气相同，作为人们生活、生产中最常用的能源，电力需求量在近年来飞速增长，其温室气体排放增长量在 2004~2012 年稳定增长，排放量增长了 3594 万吨，成为能源消费排放的主要排放源，2013~2014 年排放量虽有所下降但在能源活动排放中比重仍呈现增长趋势。⑤热力温室气体排放量在 2004~2011 年总体呈快速增长趋势，年平均排放增长量为 84.07 万吨，2012~2013 年排放量快速下降，尤其是 2013 年排放量相对 2011 年下降 260.16 万吨。⑥其他能源温室气体排放量在能源消费总排放中所占比例虽呈现上升趋势，但仍旧不足 1%。

总体而言，北京市 2004~2014 年除煤炭外的其他能源消费温室气体排放量均呈增长趋势，而煤炭的排放比重逐渐被天然气、电力等需求增长快的能源压缩，能源排放结构不断优化，但也意味着能源结构进一步优化的减排潜力将逐渐减小，而与之对应的减排经济成本和技术难度将逐渐增加。

第二节　北京市温室气体排放情景分析

一、KAYA 恒等式

在 1990 年 IPCC 第一次研讨会期间，来自日本的专家 Kaya 教授提出了将温室气体排放量进行分解的 Kaya 公式：

$$温室气体排放量_i = \frac{温室气体排放量_i}{能源消费量_i} \times \frac{能源消费量_i}{GDP_i} \times \frac{GDP_i}{人口总量_i} \times 人口总量_i$$

$$= 单位能耗GHG排放量_i \times 单位GDP能耗_i \times 人均GDP_i \times 人口总量_i \qquad （3-5）$$

式（3-5）将温室气体排放影响因子具体分解为单位能耗 GHG 排放量、单位 GDP 能耗、人均 GDP 和人口总量，i 表示研究时间。同时，为了避免使用因素分解法时出现残差项，研究者对 KAYA 恒等式进行了变形：

$$\Delta GHG = GHG_t - GHG_0 = G_\delta \times E_\delta \times Y_\delta \times P_\delta \qquad （3-6）$$

式（3-6）的后四项分别代表了式（3-5）中提到的四个影响因子对北京市温室气体排放量该变量的分解值，表现了各影响因子对温室气体排放量改变的贡献和影响，表 3-3 显示了 2004~2014 年的影响因子基础数据。

表 3-3　2004~2014 年影响因子数据

年份	单位能源 GHG 排放量	单位 GDP 能耗	人均 GDP	总人口数
2004	2.58	1.03	3.34	1492.7
2005	2.59	0.99	3.64	1538.0
2006	2.58	0.93	3.95	1601.0
2007	2.60	0.87	4.32	1676.0
2008	2.53	0.80	4.46	1771.0
2009	2.49	0.75	4.68	1860.0
2010	2.52	0.72	4.89	1961.9
2011	2.46	0.67	5.14	2018.6
2012	2.47	0.64	5.40	2069.3
2013	2.48	0.56	5.69	2114.8
2014	2.45	0.53	6.00	2151.6

二、影响效应分析

（一）单位能源 GHG 排放

2004~2014 年北京市消费量和消费比重不断减少，天然气和电力成为需求量和消费比例快速增长，以太阳能利用为代表的新能源技术得到政府的大力支持和推广，而这种能源消费结构的明显变化，导致了单位能源 GHG 排放对城市排放总量变化总体呈负向（减排）作用，同时也说明了进一步调整能源结构，减小煤炭消费比重，发展清洁能源对低碳减排工作的现实意义。

（二）单位 GDP 能耗

在 2004~2014 年，尽管北京市能源消费量持续增长，但因其增长速度远低于 GDP 增长速度，单位 GDP 能耗不断下降，对城市能源消费温室气体排放量一直呈现负向（减排）作用，缓解了城市温室气体排放量的增长趋势。GDP 能耗的下降虽证明了北京市在产业结构调整和能源利用效率提升方面取得了积极成果，但与世界发达国家相比，北京市 0.8：22.3：76.9 的产业结构以及能源利用和清洁生产技术的应用仍有较大的改进空间。

（三）人均 GDP

人均 GDP 在一定程度上代表了城市的经济发展水平，也反映了城市居民的可消费水平。北京市人均 GDP 在 2004~2014 年对城市温室气体排放变化一直呈正向（促进）作用，反映了北京市经济增长对能源消耗的依赖性，也说明了北京市进一步合理控制 GDP 增长速度和增长方式的必要性。

（四）人口总量

作为城市主体，人类生产和生活需求是城市能源消费温室气体排放的根本来源和动力，因此人口总数的上升必然会导致城市温室气体排放量的增加。2004~2014 年北京市人口强度一直对城市温室气体排放量变化呈现正向作用，可具体分为两个阶段：第一阶段（2004~2010 年）是人口总量快速增加、增速提高，人口强度对城市 GHG 排放变化分解量不断增大的阶段；第二阶段（2011~2014 年）是人口总量平稳缓慢增加，人口强度正向作用不断减小的阶段。两阶段人口强度效应的变化说明了北京市人口总量控制，宣传低碳生活和绿色消费理念对于温室气体排放控制的积极作用。

综上所述，2004~2014 年北京市单位能源 GHG 排放和单位 GDP 能耗对北京市温室气体排放变化起负向作用，而人均 GDP 和人口总数起正向作用。

三、北京市温室气体排放趋势预测

作为温室气体排放趋势预测的主要方法之一，情景分析法应用原理为基于对某种现象和趋势持续保持的假设，对未来可能发生的情况和后果进行直观定性预测，具有虽不能准确预测，却可以对不同假设情景预测结果进行对比分析，进而推动发展政策制定的特点和优势。本章将 2014 年作为数据分析基准年，以北京市历史发展情况和已经得出的 2004~2014 年温室气体排放清单作为基础数据，结合国家节能减排指标、《北京市十二五规划》《关于制定北京市国民经济和社会发展第十三个五年规划的建议》等城市规划发展指标，通过对 KAYA 恒等式中人口、经济、能源、技术四个方面排放变量在"基准情景（BAU）""低碳政策情景（LES）"和"强化低碳情景（ELC）"下的发展趋势预测，得出 2015~2025 年北京市温室气体排放量的预测结果。

（一）总人口数

截至 2014 年，北京市常住人口已达到 2151.6 万人，超过北京市"十一五规划"中 1625 万的人口总量控制目标的 34%，人口总量的过快增长也造成了交通拥堵、水资源严重短缺、生态承载力接近极限等一系列问题。本章先以 2004~2014 年数据为基础的人口总量自然变化趋势作为基准情景下人口变化参数，又以《关于制定北京市国民经济和社会发展第十三个五年规划的建议》中对 2020 年常住人口不超过 2300 万人的"天花板"控制目标将低碳政策情景下北京市 2015~2020 年平均人口增速假定为 1.2% 且 2020 年人口总数达到峰值后以年平均 0.2% 开始缓慢下降，并以此为基础假定强化低碳情景下北京市人口疏散政策和社会资源合理调配政策实施效果超过预期，人口总数在 2015~2020 年年平均增速降至 1% 并在 2020 年后以 0.4% 的年平均下降率缓慢减小。

（二）GDP

北京市现在已处于后工业化阶段，正在经历经济快速发展时期，《北京市十二五规划》中提出"十二五"期间地区生产总值年均增 8%，《关于制定北京市国民经济和社会发展第十三个五年规划的建议》又提出到 2020 年地区生产总值比 2010 年翻一番，而 2010 年北京市人均 GDP 为 1.09 万美元，标志着北京市人均 GDP 已进入 1 万 ~2 万美元的跨越时期，根据国际经验跨越该时期用时大概需十年时间，即 2020 年左右人均 GDP 达到两万美元。根据以上内容，假设基准情景下北京市发展仍以追求经济增长为主要目的，GDP 在 2016~2020 年以 7.8% 的年增速快速增长，在 2020 年达到发展目标后增长趋势放缓，年增长率下降至 6.3%，假设低碳情景下的 GDP 增长趋势相对基准情景放缓且 2020 年 GDP 相比 2010 年翻一番的目标略低，强化低碳情景下 GDP 增长速度较低碳情景进一步放缓。

（三）单位 GDP 能耗

由表 3-2 可以看出，北京市单位 GDP 能耗下降显著，在 2014 年就超额完成了国家"十二五"节能减排指标中对北京市 2015 年单位 GDP 能耗相比 2010 年下降 17% 的政策要求，证明了北京市在调整产业结构和提升能源利用效率方面的工作成效显著。本章假设基准情景下单位 GDP 能耗以现有水平持续改进，假设低碳政策情景和强化低碳情景下单位 GDP 能耗在基准情景水平上得到进一步优化，在"十三五"期间分别累计下降 26% 和 28%。

（四）单位能源 GHG 排放强度

近年来，由于北京市城市能源消费结构不断优化，煤炭 2014 年消费量相对 2004 年下降 41%，下降趋势明显，天然气 2014 年消费量达到 113.70 亿立方米，相对 2004 年增长了 4.21 倍，2014 年单位能源 GHG 排放量相对 2004 年下降 5%。北京市"十二五能源规划"提出煤炭在能源消费结构中比重由 2010 年的 30% 下降到 16.8%，天然气由 2010 年的 13% 提高到 24.4%，外调电由 2010 年的 23% 提高到 24.4%，新能源和可再生能源由 2010 年的 3.2% 提高到 6% 左右的目标。根据北京市历史发展情况和规划目标，假设基准情景下北京市能源结构以现有水平持续改进，假设低碳政策情景和强化低碳情景下能源结构较基准情景得到进一步优化。

根据预测结果可知：①基准情景下，受到经济和人口快速增长的影响，北京市 2014~2018 年温室气体排放量快速增长并于 2018 年达到峰值 17458.12 万吨二氧化碳排放量，相对 2014 年净增长 755 万吨二氧化碳排放量。2019 年后以 104.07 万吨二氧化碳排放量的年平均下降量开始下降。②低碳政策情景下，由于常住人口总量控制力度加强，GDP 增长速度适当下降且能源结构和产业结构在基准情景的基础上得到进一步优化，北京市 2014~2016 年温室气体排放增长速度低于基准情景并在 2016 年达到排放峰值 17004.7 万吨二氧化碳排放量。2017 年后排放量逐渐减小，2025 年排放量相对基准情景下降 1885 万吨二氧化碳排放量。③强化低碳情景下，人口总量疏散和控制政策、GDP 增速控制政策、能源结构和产业结构优化工作的实施效果超过预期，能源利用和减排技术发展迅速，城市真正实现可持续发展，北京市温室气体排放量在 2016 年后就开始下降，2025 年排放量相对基准情景和低碳政策情景分别下降了 3059 万吨二氧化碳排放量和 1173 万吨二氧化碳排放量。

　　通过对三种情景下预测结果的纵向对比可以发现，2015~2025 年北京市温室气体排放将先呈现增大趋势，在 2017 年左右达到排放峰值后开始逐渐减小，且低碳政策情景和强化低碳情景下的排放峰值相对基准情景来得更早，峰值更小。与此同时，通过与国内外排放水平进行横向对比可以发现，北京市温室气体排放峰值的出现时间虽然相对美国的排放峰值出现时间 2007 年以及欧盟的排放峰值出现时间 1990 年推迟时间较长，但相对中国在 APEC 会议上提出的 2030 年达到排放峰值的愿景提前了 13 年左右，充分说明了北京市在践行低碳政策，建设低碳城市方面工作取得的显著成效。

第三节　北京应对气候变化的挑战与机遇

一、北京应对气候变化的挑战

（一）发达国家的施压

　　发达国家要求中国承担温室气体限控的压力增大，而北京作为首都首当其冲。京都会议后，一些发达国家试图以《京都议定书》已规定发达国家的减排指标为由，集中全力向中国和印度等"主要的"发展中国家施压。有的发达国家甚至明确提出将发展中国家"有意义的参与"作为其批准议

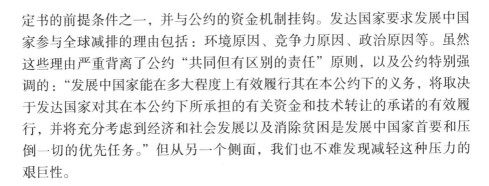

定书的前提条件之一，并与公约的资金机制挂钩。发达国家要求发展中国家参与全球减排的理由包括：环境原因、竞争力原因、政治原因等。虽然这些理由严重背离了公约"共同但有区别的责任"原则，以及公约特别强调的："发展中国家能在多大程度上有效履行其在本公约下的义务，将取决于发达国家对其在本公约下所承担的有关资金和技术转让的承诺的有效履行，并将充分考虑到经济和社会发展以及消除贫困是发展中国家首要和压倒一切的优先任务。"但从另一个侧面，我们也不难发现减轻这种压力的艰巨性。

（二）消费模式转型挑战

气候变化对北京现有发展和消费模式提出了严峻的挑战。自然资源是国民经济发展的基础，资源的丰度和组合状况，在很大程度上决定着一个城市的产业结构和经济优势。北京人口基数大，自然资源缺乏，到 2014 年底，北京仍面临着继续完成工业化和城市化的长期发展任务，人均资源短缺是北京经济发展的长期制约因素。传统的消费和生产模式是一种资源耗竭型、不可持续的消费和生产模式，这种模式已经对北京的社会经济发展构成了巨大的挑战。从发展模式的选择看，虽然地方政府有权根据城市的具体情况来选择自己的发展道路，但在其发展过程中，都遵循某些带有普遍性的规律，很少有城市发生例外。世界城市的发展历史和趋势表明，人均商品能源消费和经济发达水平有明显相关关系，可以说，在目前的技术水平和消费方式下，达到工业化的发展水平意味着人均能源消费必然达到较高的水平。世界上目前尚没有既有较高的人均 GDP 水平又能保持很低人均能源消费和排放水平的先例，北京面临开创可持续消费和生产新模式的挑战。

（三）能源结构挑战

对北京以煤为主的能源结构提出了严峻的挑战。随着经济的快速发展和人口的继续增长，北京能源消费和二氧化碳排放将继续增加。尽管北京目前的人均二氧化碳排放量仍很低，但由于北京人均二氧化碳排放年均增长率高于世界平均水平，按照目前的发展趋势，预计在 2030 年左右，北京的人均二氧化碳排放量就有可能超过世界平均水平。由于调整能源结构在一定程度上受到能源资源结构的制约，提高能源利用效率又面临着技术和资金上的压力，以煤为主的能源资源和消费结构，使中国控制二氧化碳排放的前景不容乐观。

二、北京应对气候变化的机遇

全球气候变化问题给北京带来巨大挑战的同时，也给北京带来了新的发展机遇。当前国际社会提出的减缓二氧化碳排放的政策和措施主要集中在提高能源利用效率，发展可再生能源，这些不仅符合北京经济增长方式从粗放型向集约型根本转变的需要，而且其直接结果也将在一定程度上促进高效能源技术和节能产品更加迅速地向全球扩展和传播，这一趋势也将有利于促进北京能源利用效率的提高和能源结构的优化。我们应当抓住全球气候变化问题给北京发展可能带来的新的发展机遇，积极参与相关领域的国际合作，推动发达国家履行资金和技术转让的承诺，为北京的社会经济发展创造更为有利的国际政治和经济技术环境。

（一）有利于推进北京可持续发展战略的有效实施

针对全球气候变化可能给中国带来的各种影响，采取适应气候变化的各种趋利避害措施，如改善中国的生态与环境条件，增加生态系统碳储量，从而对中国社会经济可持续发展产生积极的促进作用。同时，在《联合国气候变化框架公约》背景下，制定和实施中国应对气候变化的长期战略和行动计划，也可以进一步推动中国在计划生育、节约和优化能源等方面的进程。

（二）有利于获得先进的节能与新能源技术，加快北京能源结构调整步伐

若发达国家能在国内进行实质性减排，无疑将对世界能源产生结构和能源技术产生重大影响。发达国家有可能由以石油为主向以天然气为主要能源过渡，各种可再生能源也将得到较大的发展，这可能为中国逐渐将目前以煤为主的高排放、高污染的能源结构转向以油气为主要能源提供了机遇。另外，发达国家的这种减排压力也势必会促进其在节能与新能源技术上的创新，节能与新能源技术的市场竞争力也会得到加强，气候变化无疑将为新一代能源技术发展提供机遇。同时，如果发达国家的能源消费受到抑制，将在一定程度上为中国未来的发展腾出更多的能源消费空间。

（三）采取减缓温室气体排放的政策手段，也有利于减少中国大气污染

据上文分析，在北京目前的大气污染物中，大约56%来自燃料燃烧，是一种比较典型的煤烟型污染。近年来，北京政府在控制大气污染方面作出了巨大的努力，采取了法律、经济、技术等多项措施，但大气污染问题仍没有得到有效控制。因此，用低碳燃料或无碳能源替代煤炭，提高能源利用效率，这不仅是未来北京减缓二氧化碳排放的需要，也是北京保护环境和减少大气污染的需要。

（四）积极开展全球气候变化领域的国际合作，有利于提高北京的国际地位

北京作为中国的国际交往中心，在履约活动中具有较强的国际合作优势。积极参与全球气候变化领域的国际活动，认真履行与中国经济发展水平相适应的义务，有利于树立北京保护全球气候的国际形象，扩大被禁的国际影响，提高北京的国际地位。同时通过开展国际合作，努力推动发达国家履行资金和技术转让承诺，可争取北京所需要的部分先进技术和资金。

第四节　北京的低碳城市发展战略：低碳、生态、智慧

一、建设低碳北京

（一）产业结构低碳化

北京于"十一五"期间节能减排表现突出，过去十年，北京以6%的能耗增长支撑了12%的经济发展速度，万元GDP能耗效率水平始终在全国保持领先地位，人均排放量一直在降低，人均排放增长率是全国最低，这些都为北京未来再进一步发展低碳经济提供了良好基础。在这一背景下，北京要展开低碳产业发展规划，应在现有相关政策基础上，明确把低碳经济

定位为产业发展模式，界定低碳产业主要增长点和面、确定有关部门目标、经济带动作用，以及对就业机会产生的影响。要立足于全球化视野，主动编制低碳产业集聚群发展的战略、目标和方向，制定"十二五"时期内的行动计划，充分发挥首都政治、经济及科技研发等优势，扩大投资和消费需求，优化能源结构，促进节能减排，对落实"人文北京、科技北京、绿色北京"建设有重大意义。

建设低碳城市，应以提高碳生产力为目标，调整优化产业结构和用能结构，加快由高耗能产业结构向低耗能产业结构、由高碳用能结构向低碳用能结构转变，强化从生产源头、生产过程到产品的生命周期碳排放管理，形成低能耗、低污染、低排放的工业体系，促进工业低碳发展。建设低碳城市，必须应全球低碳发展的趋势与要求，加快发展战略新兴产业，大力发展高端装备制造业和高新技术产业，积极推动工业转型升级。应发挥北京作为全国文化、政治中心的优势，大力发展文化产业和高端生产性服务业。

在北京市产业园区布局中，规划建设一批产业园区为低碳示范园区，以统一规划建设推动产业园区由综合性向专业化的转变，促进产业规模化、集聚化发展。推进新能源汽车、太阳能光伏等基地建设，加大有关方面基础设施及土地一级开发的支持力度。

在科技创新方面，发挥首都科技创新人才集中的平台作用。充分利用建立中关村国家自主创新示范区的机会，支持产业、技术、标准联盟等创新要素，鼓励市内科研机构承担国家重大低碳产业专项，鼓励支持企业建设国家低碳工程实验室和研究中心、技术资源交流中心等创新平台，加快低碳技术的示范与产业化。

（二）能源供应低碳化

随着经济的发展和生活消费水平的提高，北京能源需求持续增长，经济发展面临的能源和环境压力大，所以优化能源生产和消费结构，提高能源利用效率，加快开发利用可再生能源，逐渐构筑稳定、清洁、经济、安全的能源供应体系，是北京低碳城市建设的重要任务。

加快建设多元化能源供应体系，下决心把北京市能源供应方式推向多元化。近年来，北京的能源结构已有很大程度的优化，在弱化煤炭的支柱角色和积极发展天然气已取得了一定成效，但在核电、太阳能、风能等可再生能源的推广和发展上仍十分薄弱。应控制煤炭的消耗，增加天然气代替煤炭作为支柱能源，大力发展风能、太阳能等可再生能源，有效控制和减少二氧化碳的排放。从长远期看，可再生的清洁能源替代化石能源是从根本上减少温室气体排放、实现城市可持续发展的必然选择。在"十二五"时期，应促进太阳能集热和太阳能发电，要求所有高层住宅建筑全面实施太阳能热水系统、大力提高新增地源热泵供暖面积、结合城乡统筹发展生物质能发电、鼓励 11 个新城和其他产业园区实施分散式清洁电热联供建设模式。大力提倡推广建筑一体化太阳能光伏发电项目，除按目前国家政策提供财政补贴外，按照我国《可再生能源法》，订立实施细则，保证光伏发电可以享受优惠政策价格上网，或按发电量享受长期标准补贴费。北京应根据自身的资源禀赋和经济发展需要，促进新能源产业发展，使风力发电、太阳能发电、垃圾发电等装备与技术研发产业成为北京新的经济增长点，不断提高清洁能源在能源消费总量中的比重。

分布式能源生产具有应对灾害能力强、建设周期短、易与可再生能源结合以及与热利用配合效率高等特点。北京应建设智能电网，鼓励发展分布式能源和热电联产，提高能源的利用效率。

（三）建筑低碳化

自 20 世纪 90 年代以来，北京建筑在建和竣工面积迅速增长，建筑能耗的增长速度快于总能耗的增长，建筑能耗占总能耗的比重逐年提高。推进建筑的低碳化，首先，应该逐步提高新建建筑的能效标准，并加强监管确保标准的实施；其次，应发展新型建筑材料，积极推广应用新型墙体材料以及优质环保节能的绝热隔音材料、防水材料和密封材料，加强城市建筑垃圾的回收利用；最后，在建筑设计中要加强天然的风能、太阳能等的利用，减少住房供暖和制冷的能源需求。另外，建筑低碳化还应改变"大拆大建"城市建设模式，提高建筑建设质量，延长建筑物的使用寿命。

在建筑中大力推广应用建筑节能新技术、新材料、新工艺包括太阳能、风能等多种新型清洁能源的开发利用，不断提高对于节地与室外环境、节能与能源利用、节水与水资源利用、节材与材料资源利用等新课题的研究，以达到建筑与周围环境和谐共存。可以考虑在北京 11 个新城实现所有新建建筑达到绿色建筑标准，建筑使用清洁可再生能源不少于 15%，建筑减少碳排放量 30%~50%，对超过节能设计标准或采用可再生能源的建筑和绿色建筑，采取减免税收、费用、贴息贷款、财政补贴进行鼓励。并加快推进既有建筑节能改造，使北京市建筑能源和资源消耗得到显著下降。通过绿色建筑，带动节能建造材料与设备生产、低碳城市规划与绿色建筑工程设计服务、绿色房地产开发建设等产业行业发展。

制定低碳建筑实施税收优惠政策，促进低碳建筑发展。首先，政府应采取必要的补偿措施，加大低碳建筑发展初期的投入。其次，政府要对购买低碳建筑产品的消费者进行补贴。消费者的需求是影响开发商是否发展低碳建筑的关键因素，在我国居民收入普遍不高的情况下，如果政府出台相关政策，支持鼓励消费者选择低碳建筑产品并给予较优惠的经济补助，将必定会提高居民购买低碳建筑产品的比例。最后，政府还应重点加大对低碳建筑材料和技术研发环节进行补贴。政府应设立专项财政经费用于低碳建筑材料和技术的研发，提供相应的科研经费用于低碳建筑规范的研究和编制，加大对新型建筑材料研发成果的奖励力度。

（四）交通低碳化

随着北京经济社会的快速发展、城市空间布局拓展以及城市综合服务功能的提升，出行总量和距离不断增加，出行目的呈多样化趋势，出行者对交通服务的要求也越来越高，并且要求城市有较高的运输效率，这些需求直接导致了运输能源需求和排放保持较快增长。发达国家发展低碳交通主要致力于交通工具和燃料的创新，北京则更应当关注交通结构优化、交通需求管理等，来抑制机动化快速增长所造成的能源消费与排放量的过快增长。

实现城市交通的低碳发展，应树立低碳交通理念，预先做好城市基础设施的整体规划，保证城市基础设施设计的低碳化，以紧凑型城市布局减少交通需求。推动智能交通系统在出行和交通管理系统、出行需求管理系统、公共交通运营系统、商用车辆运营系统、电子收费系统、应急管理系统以及先进的车辆控制和安全系统等几个主要领域的应用。

优化交通出行结构。低碳交通所倡导的出行方式从根本上来讲就是以公共交通为主的低碳出行方式，而加强小汽车的需求控制管理、改善慢行交通的出行环境和基础设施、使各种出行方式能够方便和快捷衔接是发展低碳交通的重要辅助方式。加快城市轨道交通建设步伐，早日实现轨道交通网络化运行。依靠技术升级和管理创新，对既有线路进行改造，缩短发车时间间隔，进一步提高地铁运输能力，提高安全服务水平。尽快启动市郊铁路建设，充分利用既有铁路线和新建城际铁路资源，开行市郊铁路列车，加强中心城与新城的联系，使市郊铁路具备一定规模和服务范围。充分发挥快速公交适用于中长距离、大中运量、准快速的优势，加快大容量快速公共交通运营系统（BRT）建设。以高速公路、城市快速路为依托，开辟以大容量公共客运为骨干，多种交通方式协调运行的复合型客运走廊，加强新城与中心城的联系。采取控制汽车保有量、控制使用和控制停车等多种措施，实现机动车削减量的目标。优先发展混合动力和纯电动汽车，大力推广清洁能源汽车，并稳步推进新能源汽车设施建设。继续实施对新能源汽车的扶持政策和激励办法，对高能效和新能源汽车建立长期的购车补贴机制，减免部分税费、停车费等。最大限度地鼓励使用自行车和电动自行车，积极推进自行车路网和存车场等有利环境的建设，加快建立自行车租赁系统。

（五）消费低碳化

发展低碳经济的关键在于改变人们的高碳消费倾向和碳偏好，减少化石能源的消费量，减缓碳足迹，实现低碳生存。低碳经济不仅仅是生产部门的事情，也是与我们每个人紧密相关的事情。推行低碳消费方式需要政府引领、企业主导、社会组织和公民的广泛参与。

应树立正确的消费观，主动承担低碳消费的社会责任。低碳生活方式的倡导是低碳城市的关键内容，更多的人认识到气候变化对人类经济社会发展的威胁，并采取切实行动加以应对，是低碳城市发展的基础。一个社会大众的消费模式会引导市场的价值取向，最终催生一种适应这种消费需求的经济现象。只有思想观念"低碳化"，才可能使消费行为低碳化。消费者必须确立生态意识和环保意识，构建人与自然和谐共生的生态文化，摒弃追求奢侈性、炫耀性消费，追求无节制的物质享受，并以此作为生活目的的价值观念，坚持可持续发展观，建立新的适度消费价值观。

构建鼓励低碳消费的政策和管理体系是促进低碳消费的有效途径。各级政府应在践行低碳消费中起带头示范作用，为低碳消费方式的推广做出积极努力。政府应发挥引导作用，并综合运用财政投入、宣传激励等手段，鼓励企业和市民的参与。实施低碳产品认证和碳标识制度，实施消费者激励计划，鼓励低碳产品消费。

（六）增加城市碳汇

通过扩大城市的绿色空间，增加北京的碳汇，是减少二氧化碳和改善生态环境的有效手段。深化城市绿化、山区绿化，加强平原绿化和村庄绿化，采取各种措施鼓励企业与个人绿化荒山荒坡，开展全民义务植树，营造"城在林中、路在绿中、房在园中、人在景中"的最佳人居环境，培育城市"碳中和"能力，通过培植森林来固定二氧化碳。

低碳城市建设是一个系统性工程，城市的经济、社会、文化、环境、市民的价值观念、生活方式、消费习惯等都需向低碳转变，必须建立一揽子完善的政策体系。低碳城市建设应强化产业绿色生产、构建温室气体减量能力，构建低碳城市政策体系的主旨在于，以市场机制为基础，形成明确、稳定和长期的激励机制，推动低碳技术创新，促进整个社会经济转向低碳发展模式。低碳城市建设是一个长期的渐进的过程，而不是一蹴而就的转变，需要做好长期规划，逐步实施。

二、建设生态北京

（一）推动北京"五位一体"和谐统一发展

依法推动建设生态北京，最重要的是保障人民物质生活水平不断提高、社会不断进步和经济稳步发展。因而，须在指导思想上实现革命性的变革，即通过城市产业结构优化等建立高效的经济发展体系，通过社会保障系统、文体教卫系统、生活品质、生态理念等建立和谐的社会文化体系，通过空气质量、碳足迹、绿地覆盖率、水质达标率、人均水资源及垃圾处理等建立健康的生态环境体系，通过自主创新、开发新能源等建立技术创新体系，以此推进政治法律、经济发展、社会文化、生态环境和技术创新"五位一体"和谐统一发展，建设好北京生态城市，实现北京经济、社会和环境长期可持续发展。

（二）促进北京"三维一体"合力互动发展

基于以上理论探讨，针对北京市发展情况，应促进政府、企业、社会"三维一体"合力互动发展，即政府部门、行业企业和社会组织等主体共同参与建设生态城市。首先，在政府政策的正确有力引导下，加大管理体制改革力度，加强政府宏观指导和规划标准政策制定，加快推进能源体制改革，推动可再生新能源发展的机制建设，严格执行国家和北京市有关的法律、法规和标准，把城市环境管理纳入法制化轨道。其次，在全社会形成生态

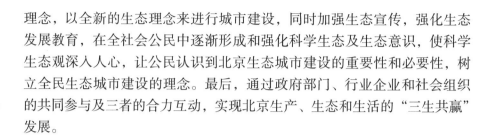

理念，以全新的生态理念来进行城市建设，同时加强生态宣传，强化生态发展教育，在全社会公民中逐渐形成和强化科学生态及生态意识，使科学生态观深入人心，让公民认识到北京生态城市建设的重要性和必要性，树立全民生态城市建设的理念。最后，通过政府部门、行业企业和社会组织的共同参与及三者的合力互动，实现北京生产、生态和生活的"三生共赢"发展。

（三）加快北京可再生新能源的发展

基于以上分析，北京生态城市建设，需要重点推进能源体制改革，建立有助于实现能源结构调整和可持续发展的价格体系，建立完善有效的财务管理体制、环境法制体制和监管机制，以行政制约推进节能减排，强化环境保护和城市管理。在建设北京生态城市中，严格执行相关法律法规和政策标准，把城市环境管理纳入法制化轨道。一是将政府补贴从环境破坏性行业转移到新能源和清洁生产上，加大对环境税的征收，对节能减排企业给予一定的补贴和税收减免，进而引导新型城市建设。二是政府部门要加强组织和领导，强化目标责任制度，进一步加强和完善管理体制，以加速北京生态城市建设，把北京建设成为产业优化、环境舒适、持续发展、资源节约、社会和谐的生态城市。

三、建设智慧北京

北京市经济和信息化委员会副主任童腾飞指出，与国内其他城市相比，北京作为首都在发展智慧城市建设方面主要有四点优势：一是发展基础良好；二是信息化组织管理体系健全；三是重大活动保障任务为北京市提供了发展平台；四是信息技术优势明显。目前"智慧北京"建设已经在城市智能运行、市民数字生活、企业网络运营、政府整合服务、基础设施提升、共用平台建设、应用与产业对接、创新发展环境等方面取得了阶段性进展。智慧城市建设是一个渐进的过程，既可以全面推进，也可以重点突破，但都不可能一蹴而就，北京也一直在探索中前进和发展。基于对智慧城市建设的理论研究和相关城市的实践调查，北京在智慧城市建设过程中可以在加强顶层设计、全面开放数据、保障信息安全等方面采取措施。

（一）加强顶层设计

《中国智慧城市发展评价与研究报告（2012）》显示，在全国智慧城市建设的浪潮中，很多城市的智慧城市建设存在一定程度的盲目性，建设压力与投资风险并存。某些城市对智慧城市建设期望过高，很多项目未经统一规划和可行性论证就仓促上马，城市基础设施条件与智慧城市发展规划脱节，导致项目难以实质落地，造成资源浪费和效率低下。北京是一座世界级的大都市，地域广、市民多，因此应按照重点领域、区县和部门分层开展，通过顶层设计梳理各区县的信息化发展现状，了解信息化发展需求，基于各区县、社区、街道在区域经济和社会发展格局中的总体定位，对北京智慧城市建设进行统筹规划和顶层设计，并制定符合实际的智慧城市发展战略确，保各个智慧城市项目的有效可行。

（二）全面开放数据

徐子沛在《大数据》一书中，以美国的数据管理发展历程作为主体讲述了美国在数据方面的立法、数据可视化的发展方向和数据管理面临的困局等并结合美国政治和经济发展历史介绍了美国数据开放和管理的各方博弈过程和成功经验。从数据管理到数据开放对北京智慧城市建设的启示作用非常明显，建设全面开放的数据平台迫在眉睫。把数据放在开放平台上，人们可以各取所需并能进行深度挖掘，使孤立的数据变成相互关联的有用信息，更多有效信息的传播将使社会更加高效、智慧。推进智慧城市建设要把握促进数据融合、信息共享和业务协同的本质要求，建立和完善城市各部门、各行业的信息资源共享设施和共享机制，要有序推动重点领域信息资源开放，深化数据信息资源的开放利用，鼓励发展以信息知识加工和创新为主的新型服务，推动信息和知识向产品、服务资产和效益转化。只有开放才能融合，因为在一个开放的生态系统里，跨界才能找到一些和外界其他要素之间的共同点。北京智慧城市建设在大量开放数据的基础上必将全面铺开。

（三）保障信息安全

在智慧城市建设过程中需要对各行各业各类的数据资源进行收集汇总并充分共享。数据开放共享在为各个智慧项目顺利开展提供便利的同时，也面临着数据信息安全的风险隐患。因此必须强化安全意识，建立信息安全体系，优化信息安全组织和队伍，充分考虑可能受到的意外干扰或有意攻击等因素，查找智慧城市系统可能存在的安全漏洞，寻求解决对应安全问题的有效方案，实现对信息安全的全方位管理和多领域应用。以信息安全制度做保障，利用先进的安全技术作为支撑，例如完善信息安全加固和容灾备灾系统，从而保证城市信息的安全可靠。

健全的法律法规对于智慧城市的安全建设是必不可少的，可以把法律法规看作是智慧城市建设过程中的安全屏障。在信息技术高速发展的今天，世界越来越多元化，人们会从不同的角度、抱着不同的目的来看待某一现象，因此会有各种不同的解决问题的方式。如果单从技术层面来约束人们的行为，通常只能暂时解决表面问题而无法从长远和全面的角度来对人们的行为进行限制。只有运用法律的强制性、普遍性等特征，才能保障在智慧城市的建设和运营过程中市民和企业的合法权益不受侵害。因此，完善的法律法规是智慧城市建设进程中一个非常关键的安全保障。

（四）重视人才培养

在智慧城市建设过程中各种高端的技术与产品日新月异，而高科技人才的培养和储备对智慧城市的建设必不可少。北京作为全国的首都，可以利用相关的有利政策在人才引进、教育培训、要素保障与公共服务等方面加大整合提升力度。在人才政策方面应在人才引进、项目支持、创新奖励、生活办公等方面出台更有竞争力的鼓励政策；在教育培训方面着力建设以优秀大学和科研机构为主体的高端人才平台，采取校企合作的模式开展产学研一条龙人才培养；在要素保障与公共服务方面大力发展科技创业产业园和创业投资机构等，为智慧城市的建设提供重要的研发资金支持、合理政策保障、优秀成果转化等支撑服务。基于此，北京智慧城市的建设将会吸引更多创新型人才与公司的聚集，有助于进一步提升城市的综合竞争力。这种"聚集效应"在某种程度上决定了不同城市在原有或者新型产业链条上的位置，这也是竞争力较为直接的体现。北京应不断发挥高科技企业和科研机构、院校合作的优势，发挥高科技人才集聚的优势，发挥政策、环境和人文优势，加快智慧城市建设的步伐。

第 四 章

北京市产业结构的低碳化

第一节　北京市产业结构碳排放情景设计分析

一、碳排放情景设计

本章参考北京市对低碳建设发展的相关政策法规、规划实施条件，同时结合国家能源需求和控制碳排放的背景和要求，以及对产业结构调整和碳排放强度未来发展路径做出假设，对北京碳排放设定不同情景。

本章采取产业结构和碳排放强度两个变量，每个变量设定两种发展的情景。其中产业结构设立为产业结构情景 1 和产业结构情景 2；碳排放强度设定为碳排放强度情景 1 和碳排放强度情景 2。

（一）基准情景设定

根据《北京市国民经济和社会发展第十三个五年规划纲要》当中对经济增速的要求，结合北京产业结构调整变动的速度和碳排放强度变化等因素，假设 2016~2030 年北京经济保持 7% 的固定增长速度，第一产业产值在总产出当中的比例以 7% 的速度下降，第三产业所占比重以 0.5% 的比例上升；各产业碳排放强度以较低速度下降。假设此时情景为基准情景，一般来说，基准情景是碳排放水平最高的情景。

（二）低碳情景设定

在基准情景的基础上，考虑北京一方面可能会强制一部分高污染高排放行业和企业转移出北京，另一方面可能实施更加严格的减排措施以及相关政策限制高排放行业的发展，要求采取能源结构优化和提高能效的技术手段，以实现降低碳排放量。将这些情景定义为低碳情景，此时预期的碳排放量相对于基准情景较低，分别包括低碳情景 1、低碳情景 2 和低碳情景 3，如表 4-1 所示。

表4-1 基准情景和低碳情景组合

基准情景	低碳情景1	低碳情景2	低碳情景3
产业结构情景1	产业结构情景1	产业结构情景2	产业结构情景2
碳排放强度情景1	碳排放强度情景2	碳排放强度情景1	碳排放强度情景2

二、碳排放影响因素的情景设计

碳排放与经济活动相关,所以碳排放的分析以经济活动为根基进行,碳排放总量与能源消费需求正相关。本章对可能影响北京未来碳排放的主要因素设定,是基于对政府推出的北京城市发展规划提出的,同时对几个主要变量的发展态势进行了研究。下文包括对产业结构、经济总量和碳排放强度的情景设计。

(一)产业结构调整的情景设计

根据北京市当前各产业产值增速与北京总产值增速的变动趋势,结合东京和香港产业结构变动趋势,在预期可实现的增速水平下,本章对产业结构进行情景设定如表4-2所示。

表4-2 不同情景下北京产业结构分布预测

单位:%

年份	产业结构情景1			产业结构情景2		
	第一产业	第二产业	第三产业	第一产业	第二产业	第三产业
2005	1.30	29.10	69.60	1.30	29.10	69.60
2010	0.90	24.00	75.10	0.90	24.00	75.10
2013	0.80	22.30	76.90	0.80	22.30	76.90
2015	0.65	21.68	77.67	0.65	21.22	78.14
2020	0.38	19.99	79.63	0.38	18.31	81.31
2025	0.27	18.09	81.64	0.23	15.16	84.62
2030	0.19	16.11	83.70	0.13	11.81	88.06

资料来源:根据《北京统计年鉴》(2006,2011,2014)数据计算和预测。

产业结构情景 1：设定 2016~2030 年北京的第一产业产值在总产出当中的比例以 7% 的速度下降，第三产业所占比重以 0.5% 的比例上升的情景，在此情况下，预期北京的产业结构 2020 年为 0.38∶19.99∶79.63，2030 年为 0.19∶16.11∶83.70。

产业结构情景 2：设定 2016~2030 年北京第一产业产值比例每年下降 10%，第三产业产值比重以 0.7% 的比例上升，预计北京的产业结构 2020 年为 0.38∶18.31∶81.31，2030 年为 0.13∶11.81∶88.06。

（二）经济总量变动的情景设计

经济增长对碳排放有很大的影响，在单位能耗不变情况下，由于产值增加，消耗能源量增长，碳排放量一般也会增长。本章通过数据的采集和处理，分析 2005~2013 年北京市产值增长情况。在 2005~2013 年，北京的经济发展表现出持续增长的态势，北京市地区总产值实现翻番，年均增速为 10.1%，但是随着全国经济增速放缓，北京的地区总产值增速也由 2005~2010 年的年均 11.4% 下降至 2010~2013 年的 8%，一方面北京的经济增长速度有所减缓，另一方面根据《北京市国民经济和社会发展第十三个五年规划纲要》当中的预测，假设北京市经济增速为 7%。

在此情景下，本章预测 2020~2030 年北京碳排放情况，设定自 2016 年起北京市经济增长水平为 7%，从而推算出北京市的经济总量变化情况：预计北京市 2020 年的经济产值为 24077.5 亿元，并在 2023 年实现产值翻番，2030 年的地区总产值达到 47364.0 亿元（见表 4-3）。

表 4-3　北京市经济总产出预测

年份	2005	2010	2013	2015	2020	2025	2030
经济总量预测	6969.5	11958.2	14994.2	17166.9	24077.5	33769.9	47364.0

（三）碳排放强度变化的情景设计

碳排放强度即碳排放总量与国民生产总值的比值。由于产业结构、能源强度和能源结构不同，碳排放强度也存在差异，所以本章在碳排放强度情景设定中考虑各产业的具体情况，分产业进行情景设定，并在下文中作详细说明。

第二节　第一产业碳排放现状与情景预测

一、第一产业碳排放现状分析

如图 4-1 所示，2005~2013 年北京农村经济不断发展，第一产业产值不断增加，由 88.7 亿元上升至 101.8 亿元，年均产值增速为 1.8%，与同期北京整体经济增速相比较低，第一产业产值在北京经济当中所占的比例下降。同时期内，北京市第一产业碳排放量是先升后降的过程。2013 年第一产业所产生的碳排放量为 146 万吨，占北京市总排放量的 1.36%，且 2005~2013 年碳排放降低 16 万吨，在北京市减排量当中占比较小。

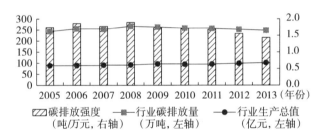

图 4-1　2005~2013 年北京农业碳排放量与地区生产总值

资料来源：根据《北京统计年鉴》（2006~2015）和《北京工业年鉴》（2006~2015）计算得到。

2005~2013 年，北京第一产业产值总体增速较慢，且碳排放量与碳排放强度降速比第二、第三产业慢。虽然北京第一产业碳排放强度从 2008 年以来持续下降，但由于其值一直位于 1.40 吨 / 万元以上，碳排放强度相对较高。

第一产业消耗能源造成的碳排放，大致可以分为直接排放和间接排放。如表 4-4 所示，直接排放指与农业生产有直接关系的碳排放，如农业生产中拖拉机和各种农机具的燃油消费，取暖消耗煤炭等产生的碳排放。间接排放是指与农业生产没有直接关系的碳排放，包括化肥和农药生产产生的碳排放等，为了避免重复计算，本章将其计入第二产业当中的化学原料生产制造业。

表4-4　主要农业生产活动的不同能源消费

种类	农业生产活动	主要能源消费
直接排放	拖拉机	柴油
	田间运输，如大型卡车、小型卡车等	柴油、汽油
	田间作业农机具，如灌溉、粉碎等设备	柴油、汽油、天然气、煤
	农业设施及养殖设施，如温室、舍棚温度调节等	天然气、煤炭、石油
	农业管理，如照明、电器等	电力
间接排放	化肥生产	天然气、煤、石油
	农药生产	天然气、石油

资料来源：根据北京市农业局网站（www.bjagri.gov.cn）整理得到。

从能源消费结构来看，长期以来北京第一产业消耗能源以煤炭、石油和电力为主。换算成标准煤，2013年三者消耗量占消费总量约99%，其中石油占12.74%、煤炭占28.54%、电力占58.60%。

第一产业碳排放当中，煤炭燃烧产生的碳排放最大，汽油和柴油次之。根据北京市农业局的数据可知，2005~2008年畜牧业的增长导致对煤炭取暖需求的增长，从而使碳排放量上升；2008~2013年由于机械总动力的下降导致柴油和汽油消费降低，从而使碳排放量下降。

由于柴油和汽油消费主要用于第一产业的农业机械消耗，根据表4-5的北京市农业局数据，2005年农业机械总动力为337.7万千瓦，2013年农业机械总动力为207.7万千瓦。引起农机总动力下降的因素主要包括：

（1）机播面积的下降。北京2005年粮食播种面积为192184.3公顷，而2013年的面积为158911.1公顷，可以看到播种面积的减少对于农机的需求下降。

（2）大中型机械在第一产业机械数量中占比增加。随着技术进步，大部分的农业机械功率上升，单耗下降。考察期间大中型拖拉机数量从9487台下降至6461台，小型拖拉机的数量从32472台下降至2421台。这种数量结构的大中型化发展趋势，使得对其柴油单耗的下降贡献尤为明显。

（3）集约化生产。通过采用农业新技术，实行机械化作业，降低了单位产值需要的要素投入；技术进步和现代都市农业导向对农机设备产生了替代效用，一方面淘汰了能源利用效率较低的小型机械的运用，另一方面大型农业机械的运用提高了能源利用效率。

2005~2013 年，农业机械的技术进步因素基本上一直正面积极地影响着农机的主要性能参数，如柴油机单耗、电动机效率和农机生产率。总的来说，柴油机械受技术进步的影响较为明显，但和国际上的先进农业的碳排放强度水平相比，未来仍然有进步空间。

表 4-5　主要农业机械年末拥有量及机械耕作面积

	2005 年	2013 年
农业机械总动力（万千瓦）	337.7	207.7
大中型拖拉机（台）	9487	6461
小型拖拉机（台）	32472	2421
灌溉动力机械（台）	53385	39694
机耕面积（公顷）	145546	72603
机播面积（公顷）	197046	147491
机收面积（公顷）	95958	128629

资料来源：北京市农业局网站（www.bjagri.gov.cn）。

二、第一产业碳排放强度情景设计与预测

（一）第一产业碳排放强度情景设计

根据第一产业碳排放强度历史变动情况，结合能源结构以及能源强度，本章将第一产业碳排放强度情景 1 设置为北京市 2005~2013 年第一产业碳排放强度年变动比率的平均值，即每年下降 2.2%；设置碳排放情景 2 为碳排放强度每年平均下降 3.2%。根据碳排放强度不同情景，可得到 2015~2030 年碳排放强度的预测值。

根据表 4-6，在情景 1 的情况下，北京市第一产业碳排放强度在 2020 年和 2030 年下降为 1.22 吨 / 万元和 0.98 吨 / 万元。在情景 2 的情况下，第一产业碳排放强度在 2020 年和 2030 年分别为 0.94 吨 / 万元和 0.51 吨 / 万元。

表 4-6　不同情景下北京市第一产业碳排放强度预测

单位：吨 / 万元

年份	碳排放情景 1	碳排放情景 2
2005	1.74	1.74

年份	碳排放情景 1	碳排放情景 2
2010	1.72	1.72
2013	1.43	1.43
2015	1.37	1.27
2020	1.22	0.94
2025	1.09	0.70
2030	0.98	0.51

（二）第一产业碳排放量情景预测

本章考虑北京经济增速保持稳定，第一产业在地区经济当中比重假定分别以 7% 和 10% 的固定比率下降，同时设定碳排放强度分别以 2.2% 和 3.2% 的速度下降，根据不同情景预测北京第一产业碳排放如表 4-7 所示。

表 4-7　北京市农业碳排放量情景预测

单位：万吨

年份	结构情景 1		结构情景 2	
	强度情景 1	强度情景 2	强度情景 1	强度情景 2
2005	154.60	154.60	154.60	154.60
2010	162.42	162.42	162.42	162.42
2013	144.79	144.79	144.79	144.79
2015	128.34	119.02	128.34	119.02
2020	94.94	72.92	94.94	72.92
2025	82.75	52.63	70.23	44.67
2030	72.12	37.99	51.95	27.37

在基准情景下，第一产业产值占比以年均 7% 的速度降低，碳排放强度以 2.2% 的速度降低，据此预测北京第一产业 2020 年和 2030 年碳排放量分别为 94.94 万吨和 72.12 万吨。

在其他三种低碳情景中，第一产业产值占比和碳排放强度分别以 7% 和 3.2% 的速度下降时，北京第一产业碳排放量 2020 年和 2030 年分别为 72.92 万吨和 37.99 万吨。第一产业产值占比和碳排放强度分别以 10% 和 2.2% 的速度下降时，北京第一产业碳排放量 2020 年和 2030 年分别为 94.94 万吨和

51.95万吨。第一产业产值占比和碳排放强度分别以10%和3.2%的速度下降时，北京第一产业碳排放量2020年和2030年分别为72.92万吨和27.37万吨。

第三节　第二产业碳排放现状与情景预测

一、第二产业碳排放现状分析

随着北京的经济全面发展，第二产业产值不断增长，以2005年价格为基准，第二产业产值由2005年的2026.5亿元上升至2013年的4051.0亿元，但是产值增速低于北京经济总体增速，所以第二产业产值占总产值比例下降。同时，第二产业是北京碳排放的重要来源，北京2005年碳排放总量为8247.6万吨，第二产业碳排放5571.2万吨，占总排放量的67.6%；2013年第二产业碳排放2200.1万吨，占比为37.1%，如图4-2所示。

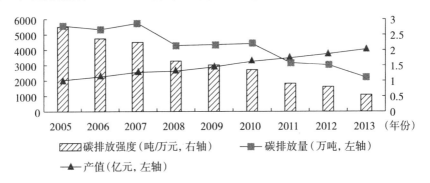

图4-2　2005~2013年北京市第二产业产值、碳排放量和碳排放强度趋势

资料来源：根据《北京统计年鉴》（2006~2015）和《北京工业年鉴》（2006~2015）计算得到。

2005~2013年第二产业碳排放量从5571.22万吨下降至2200.1万吨，对北京碳减排贡献较大。产业内部行业众多，本章将对第二产业重点行业碳排放进行分析。

二、第二产业重点行业碳排放分析

按照国家统计局公布的划分标准可将第二产业分为采矿业，制造业，电力、热力的生产和供应业，建筑业。由于制造业和电力、热力的生产与供应业产生的碳排放占第二产业比重较大，本章做重点研究。从表4-8可知在2005~2013年建筑业，电力、热力生产与供应业产值增加，碳排放量也增加；采矿业和制造业的产值增加，但碳排放量降低。

表4-8 第二产业碳排放量与行业产值

	碳排放量（万吨）		产值（亿元）	
	2005年	2013年	2005年	2013年
采矿业	46.8	23.3	38.9	75.9
制造业	4905.6	1312.0	1433.6	2757.5
电热力生产	484.54	736.33	234.6	496.8
建筑业	319.5	1634.6	134.3	720.6

资料来源：根据《北京统计年鉴》（2006~2015）和《北京工业年鉴》（2006~2015）计算得到。

（一）制造业

1. 金属冶炼及压延加工业

金属冶炼及压延加工业碳排放量较大，但产值较低，2005年黑色金属冶炼及压延加工业碳排放量高达2075.63万吨，而产值为228.2亿元。其产值仅为北京市总产值（6969.5亿元）的3.3%，但是碳排放量却占北京碳排放量（8247.6万吨）的25.1%。从能源角度分析，该行业消耗的能源量为661.3万吨标准煤，主要能源种类为煤炭和焦炭，两者占总消耗量的比重达90%左右，由于两者都属于碳排放系数较高的能源种类，故产生的排放量较大。

2005年黑色金属冶炼及压延加工业碳排放量为2075.6万吨，但是2013年其排放量仅为1.5万吨，在此期间，金属冶炼与压延加工业碳排放量下降2074万吨，降幅接近100%，同时从图4-3可以看到行业产值由228.2亿元下降为13.0亿元。经济产值下降意味着投入的生产要素减少，2005~2013年能源消耗量从661.32万吨标准煤下降至2013年的27.6万吨标准煤。也就是说，该产业急剧萎缩导致对能源需求的下降，因此降低了碳排放。

图 4-3　黑色金属冶炼及压延加工业碳排放、能源与产值对比

资料来源：《北京统计年鉴》（2006，2015）和《北京工业年鉴》（2006，2015）计算得到。

由于金属冶炼及压延加工业属于高污染、高排放行业，其发展在
2005~2013 年受到限制。从《北京工业年鉴》统计数据可得知，北京市在
2005~2013 年黑色金属冶炼及压延加工业规模以上企业单位个数由 59 家下
降至 32 家，行业内生产企业减少，产值下降。规模以上企业减少以及产值
下降表明生产规模缩减，该行业在北京发展过程中被逐渐转移和淘汰。其
中 2008 年首钢集团等企业由北京搬离，由于钢铁企业碳排放量比较大，搬
离北京对近几年碳减排起到一定的作用。

2. 非金属冶炼业

2005~2013 年非金属冶炼业产出增加值由 48 亿元上升至 80.50 亿元，
上升幅度近 68%，碳排放量在 2005~2013 年下降，碳排放量从 719.2 万吨降
为 367.0 万吨，降幅为 49.1%。非金属冶炼业是北京碳排放的重点行业，也
是实现碳排放降低的重点行业之一，考察期内虽然行业产值增加，但碳排
放量降低，碳排放量的降低主要依靠碳排放强度的降低（见图 4-4）。

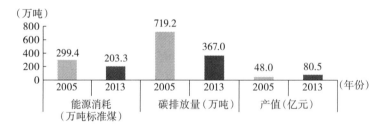

图 4-4　非金属冶炼业碳排放、能源消耗与产值对比

资料来源：《北京统计年鉴》（2006，2015）和《北京工业年鉴》（2006，2015）计算得到。

非金属冶炼业能源消耗量折算成标准煤从 2005 年的 299.4 万吨下降至 2013 年的 203.3 万吨,产值增长而能源消耗下降,能源强度下降。原因包括:

(1)关停产能落后的企业。根据 2011 年北京水泥产业发展政策及节能减排的相关要求,自 2012 年起停止审批新的水泥基建、技改项目。从《北京工业年鉴》数据来看,2005~2013 年,北京市非金属冶炼业规模以上企业数量从 411 家降低至 252 家,可以看出作为高排放行业,非金属冶炼业淘汰一部分产能落后的企业来实现碳排放的控制。北京市针对水泥生产技术落后、碳排放较高的问题,先后关闭了大量机立窑等落后产能和高耗能设备,减少煤炭消费 40 万吨,使得降低碳排放量近 100 万吨。

(2)提高技术水平和能源利用效率。非金属冶炼业通过技术改造,重点对燃煤工业锅炉等进行升级改造,加大热电联产、余热余能回收等节能措施来实现提高利用效率或降低能源强度,从而起到减排的作用。

(3)调整能源结构。从能源结构来看,非金属冶炼业消耗能源主要是煤炭,用于燃煤锅炉、窑炉等。对大部分企业来说,煤炭是最主要的能源,使用机立窑生产水泥需要燃烧大量的能源,并产生碳排放。2005~2013 年能源结构当中煤炭的比例一直占 70% 以上,可通过降低煤炭在能源结构当中的比例降低碳排放。

3. 化学原料生产与制造业

化学原料生产与制造业也是碳排放的主要来源之一,2005 年碳排放量为 171.94 万吨,2013 年碳排放量为 61.09 万吨,下降幅度为 58.6%。考察期内化学原料制造业产值和能源消费量也有所下降,其中产值从 63.69 亿元下降 14.1% 至 55.79 亿元,能源消耗量从 199.32 万吨标准煤下降至 113.08 万吨标准煤(见图 4-5)。

图 4-5 化学原料生产及制造业碳排放、能源消耗与产值对比

资料来源:《北京统计年鉴》(2006,2015)和《北京工业年鉴》(2006,2015)计算得到。

化学原料生产与制造业碳排放量下降的因素主要有：

（1）关停产能落后的企业。化学原料生产与制造业产值从 63.7 亿元下降至 55.79 亿元，规模以上企业个数从 52 家下降至 22 家，通过关闭一批焦化厂和化工厂等企业，实现了对消耗煤炭能源部分落后产能进行淘汰，保留并发展了一部分依靠热力能源的企业，实现行业内部的调整，实现降低排放量的效果。

（2）优化能源结构。从能源角度来说，化学原料生产与制造业消耗的主要能源为电力、煤炭和热力，能源消耗量从 199.32 万吨标准煤降到 113.08 万吨标准煤。2013 年与 2005 年相比，能源结构当中最大的变化是碳排放系数较高的煤炭消耗占比由 29.6% 下降至 12.3%；而不产生碳排放的电力和热力消耗占比分别上升至 44.4% 和 33.6%，通过优化能源结构实现减排（见图 4-6）。

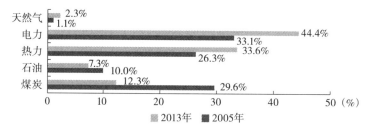

图 4-6　化学原料生产与制造业能源结构

资料来源：《北京统计年鉴》（2006，2014）。

包括金属和非金属冶炼业、化学产品制造业等行业都属于典型的高耗能高排放，其碳排放强度较高。根据发展的规律，由于其在土地利用、劳动力水平、环境污染等方面对北京的城市发展存在一定的制约，因此在当前的经济状况下，政府可能会进一步降低这些行业在整个经济结构当中所占的比例。

制造业的碳排放量从 2005 年的 4905.6 万吨下降至 2013 年的 1312.0 万吨。其中金属冶炼与压延加工业碳排放量下降 2074 万吨，2013 年排放量仅为 1.5 万吨，通过该行业可实现减排量较小；非金属冶炼业碳排放减少量为 352.2 万吨，2013 年碳排放量为 367.0 万吨，根据《北京市关于加快退出高污染、高耗能、高耗水工业企业的意见》可通过限制该类企业的发展等措施实现减排；化学原料生产与制造业实现减排 110 万吨，2013 年碳排放量为 61.1 万吨，可通过限制高排放企业发展以及调整能源结构等方式实现减排。

（二）电力、热力的生产与供应业

由于北京市大部分电力依靠外地输送，外来电力占北京总消耗比重由2005年的63%一度升至2012年的69%，虽然2013年有所回落，但是从图4-7可以看出虽然北京市电力消耗量上升，但外来电力一直占比较重要的地位。电力在消耗时并不产生碳排放，属于清洁能源，所以本章将本地生产电力产生的碳排放计入电力的生产和供应业，而外地输入电力在生产过程中产生的碳排放并不在估算范围内。

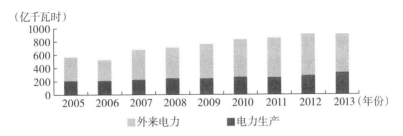

图4-7　北京市2005~2013年电力消耗量分布

资料来源：《北京统计年鉴》(2006~2014)。

首先如前文所述，北京当地生产的电力占消费电力的1/3左右，外地输入电力产生的碳排放则不计入北京碳排放总量；热力虽然绝大多数在北京生产，碳排放计入工业，但热力作为能源消费却分布在各个部门。

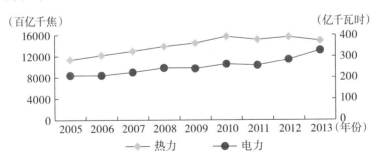

图4-8　2005~2013年北京市电力及热力生产量

资料来源：《北京统计年鉴》(2006~2014)。

电力、热力的生产和供应业产生的碳排放量较大。北京市2005~2013年电力和热力生产量如图4-8所示，电力供应持续上升，由209.8亿千瓦时上升至 328.1 亿千瓦时，热力供应由 11335.7 百亿千焦增长到 14935.1 百亿千焦。

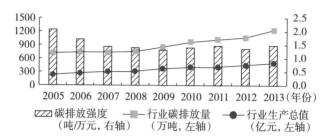

图 4-9　2005~2013 年北京电力、热力的生产与供应业碳排放和产值

资料来源：根据《北京统计年鉴》（2006~2015）和《北京工业年鉴》（2006~2015）计算得到。

如图 4-9 所示，2005~2013 年电力、热力的生产和供应业的碳排放量由 484.54 万吨上升至 736.33 万吨，占北京市碳排放总量的比例由不足 10% 上升为 12.42%。同时，该行业产值一直保持增长，然而碳排放增速显著高于产值增速。随着电力、热力生产产值总量以及碳排放量的持续上升，碳排放强度总体先降后升。碳排放强度由 2005 年的 2.07 降至 2008 年的 1.31，而随后则波动升至 2013 年的 1.48，属于高排放行业。

2005~2013 年热力生产行业规模以上企业从 67 家下降至 59 家，但是行业生产总值从 192.54 亿元上升 602.29 亿元。自 2005 年以来，北京市实施集中供热计划，将北京部分区域供热采取集中供热并整合大型燃煤锅炉房，并在北京郊区建成大型燃煤集中供热中心 25 座，拆除和分散燃煤锅炉房 300 余座，替代供热面积 3000 万平方米，完成 1.6 万台燃煤锅炉清洁能源改造。随着计划不断施行，不仅行业产值增加，碳排放量降低，也降低了碳排放强度。一方面得益于整合锅炉房使热力的生产集中，产生规模效应；另一方面由于技术的提升和改进，对供热管网进行改造，提高能源利用以及热力输送效率；还通过将能源消耗种类从煤炭向燃气转变，燃气供热的比例不断加大，实现能源结构优化。

但是 2009~2013 年以来，由于北京供热需求攀升；且大量供热属于郊区，使得供暖效率无法提升，甚至较之前有所下降；行业总值在增长，同时也给北京带来减排压力，产业规模增长带来的碳排放量增加十分明显。至 2013 年底北京共有 16 个区县的 1601 个供热单位和 4143 个供热锅炉房，面对北京市 95% 的采暖用户，其中 85% 以上是由各供热单位后勤部门管理的，掌管着近 40% 的供热资源。这种后勤式非企业化的运行模式，造成管理水平参差不齐，部分中小供热单位管理粗放、效能与服务低下，企业管理基础薄弱。这种低效率造成北京 2009 年以来供热系统的碳排放减排效果不佳。

从能源角度分析，该行业消费能源大部分为煤炭、天然气和电力。由图 4-10 可知 2013 年与 2005 年相比，能源消费中煤炭的占比下降，天然气和电力的占比上升。

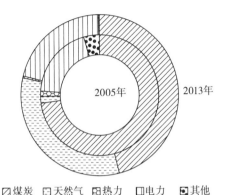

□煤炭　□天然气　□热力　□电力　□其他

图 4-10　2005 年和 2013 年北京电力、热力生产与供应业能源消费结构

资料来源：《北京统计年鉴》（2006，2015）。

通过与纽约的能源消费结构相对比发现，如图 4-11 所示，在 2013 年纽约的电力生产中主要消耗的能源种类为天然气、核能和水利，三者之和占比达到 94%，煤炭和石油类能源占比约为 1%。北京电力、热力生产能源消费当中，煤炭类能源占比为 46.0%，天然气占比为 32.5%，但是水利和核能等清洁能源占比较低。能源结构由碳排放系数较高的煤炭向清洁能源转变，对减排起到促进作用。

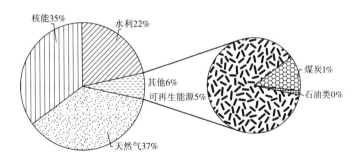

图 4-11　纽约电力生产能源消费比例

资料来源：美国能源局网站（www.eia.go）。

由于经济发展对能源要素投入要求的不断增长，预计随着北京市对热力和电力需求的增加，根据前面的分析，实现减排的途径包括：①淘汰产能落后的热力生产设施，集中生产热力，提高能源使用效率，降低碳排放。②加快技术改进，对供热管网进行改造，提高能源利用以及热力输送效率。③优化能源结构，改变以煤炭为主的能源结构，进一步增加天然气、水利等清洁能源的消费占比。

（三）建筑业碳排放分析

建筑业包括建筑、安装、维修等生产过程，生产结果主要为建筑物。建筑业属于比较复杂的行业，其上游是水泥行业以及钢铁冶炼行业；下游是商业服务业当中的房地产业。从整个建筑业的链条来算，如果将水泥行业和黑色金属冶炼行业当作建筑业的隐性碳排放计算在建筑业直接碳排放当中，则建筑业碳排放较高。根据对北京写字楼的碳排放进行测算后发现，82%~87% 的碳排放是在生产建筑材料时产生的，其中钢铁和水泥占到建筑材料碳排放的 94%~95%，一般将建造过程中消耗的钢材、水泥等建材产生的碳排放在生产侧进行计算，统一划归在第二产业中。但是由于该种算法对水泥行业存在重复计算，而且北京的钢铁产业已经逐步迁出北京，本章将仅从建筑业自身的碳排放来进行研究。

从图 4-12 可观测到北京建筑业碳排放量 2005~2010 年不断上升，由 134.30 万吨上升至 206.12 万吨，2010~2013 年下降至 128.51 万吨；同时期内行业产值增长速度维持在 14% 的水平，碳排放强度随着碳排放量的变动而波动。2005~2009 年建筑业碳排放强度有所上升，并在 2009~2013 年持续下降，由 0.38 吨 / 万元调整至 2013 年的 0.18 吨 / 万元。

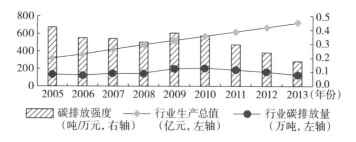

图 4-12　2005~2013 年北京市建筑业碳排放与行业产值趋势

资料来源：根据《北京统计年鉴》（2006~2015）和《北京工业年鉴》（2006~2015）计算得到。

从能源角度来说，建筑业主要消耗能源种类是煤炭、柴油和汽油。2005~2013年煤炭消耗量下降较多，柴油消费上升较多。其中柴油消耗量的上升是由于施工面积增加，对机械需求的增加。从表4-9可知，机械数量由2005年的25.77万台下降至2013年的12.71万台，下降比例接近50%，但是机械总功率几乎没有下降，虽然技术进步或规模效应导致机械的能源使用效率提升，但是对机械使用量的上升使得建筑业柴油消耗上升。

表4-9　北京市建筑业相关数据

	2005 年	2013 年
从业（万人）	67.20	49.30
机械数（万台）	25.77	12.71
总功率（万千瓦时）	452.91	447.84
施工面积（百万平方米）	154.18	492.59

资料来源：《北京统计年鉴》（2006，2014）。

建筑过程中材料运输消耗能源也占相当一部分，北京建筑材料大部分通过公路方式运输，部分短距离原材料运输消耗的能源为汽油，建材的长距离运输主要能源是柴油。柴油和汽油的碳排放系数较高，其在能源结构中比例上升不利于碳排放强度下降。

不同的建筑类型消耗的能源种类不同，房屋类型主要包括住宅、商业以及工业三种；就房屋类型来说，每单位面积写字楼的能源强度低于商业，商用房的能源强度低于住宅。总体来说，如图4-13所示，无论住宅、写字楼还是商用房的建设在考察期内都是增长的，所以2013年的能源消耗量相较于2005年有所增加。

同样，房地产不同环节的能源消耗和碳排放强度也不同，房地产业由三个环节构成，分别是建筑业、中介服务以及物业管理，建筑环节是碳排放强度较大环节，中介服务和物业管理碳排放强度相对而言较小。当前北京建筑业占房地产业比重较大，按照发达国家物业管理以及中介服务占比越来越高的趋势，随着北京房地产由增量市场向存量市场的不断发展，未来无疑会倾向于碳排放强度较低的服务端。

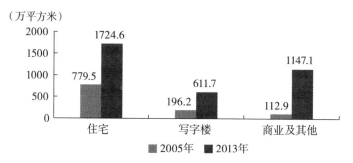

图 4-13　北京市 2005 年和 2013 年建筑开发面积

资料来源：《北京统计年鉴》（2006，2014）。

三、第二产业碳排放强度情景设计与预测

（一）第二产业碳排放强度情景设计

根据第二产业碳排放强度的历史变动情况，同时结合各细分行业能源结构和能源强度状况，依照第二产业 2005~2013 年的碳排放强度变化规律，本章将北京市第二产业碳排放强度变化分为 2013~2020 年、2020~2030 年两个阶段。在情景 1 中 2013~2020 年碳排放强度下降比率设定为 7%、2020~2030 年碳排放强度下降比率设定为 5%，而对更加低碳的情形下设定情景 2 中 2013~2020 年碳排放强度下降比率为 10%、2020~2030 年碳排放强度下降比率为 7%。根据碳排放强度不同变化趋势，可得到两种情景下 2015~2030 年碳排放强度变化的预测值。

表 4-10　第二产业碳排放强度情景预测

单位：吨／万元

年份	碳排放强度情景 1	碳排放强度情景 2
2005	2.75	2.75
2010	1.35	1.35
2013	0.54	0.54
2015	0.47	0.44
2020	0.33	0.26
2025	0.25	0.18
2030	0.20	0.13

在情景 1 的情况下，北京市第二产业碳排放强度在 2020 年和 2030 年下降为 0.33 吨 / 万元和 0.20 吨 / 万元。在情景 2 的情况下，第二产业碳排放强度在 2020 年和 2030 年分别为 0.26 吨 / 万元和 0.13 吨 / 万元。

（二）第二产业碳排放量情景预测

本章在考虑北京第二产业碳排放量在产业结构当中比重时参考了纽约、东京等国际性都市产业结构演变情况，假定第二产业碳排放量在北京市总产值中占比情况分别为：2020 年 23.5%、2030 年 18.1% 和 2020 年 21.9%、2030 年 14.0%。同时也考虑第二产业碳排放强度两种不同变化趋势，根据不同情景预测第二产业碳排放量。

如表 4-11 所示，在基准情景中，北京市第二产业碳排放强度在 2020 年和 2030 年分别为 0.26 吨 / 万元和 0.13 吨 / 万元，第二产业产值占比为 2020 年的 23.5%、2030 年的 18.1% 时，北京第二产业碳排放量 2020 年和 2030 年分别为 1850.06 万吨和 1684.46 万吨。

在低碳情景 1 中，北京市第二产业碳排放强度在 2020 年和 2030 年下降为 0.33 吨 / 万元和 0.20 吨 / 万元，同时第二产业产值占比调整为 2020 年的 23.5%、2030 年的 18.1% 时，北京第二产业碳排放量 2020 年和 2030 年分别为 1470.62 万吨和 1082.36 万吨。

在低碳情景 2 中，北京市第二产业碳排放强度在 2020 年和 2030 年分别为 0.26 吨 / 万元和 0.13 吨 / 万元，同时第二产业产值调整为 2020 年的 21.9%、2030 年的 14.0% 时，北京第二产业碳排放量 2020 年和 2030 年分别为 1723.96 万吨和 1295.47 万吨。

在低碳情景 3 中，北京市第二产业碳排放强度在 2020 年和 2030 年下降为 0.33 吨 / 万元和 0.20 吨 / 万元，同时第二产业产值调整为 2020 年的 21.9%、2030 年的 14.0% 时，北京第二产业碳排放量 2020 年和 2030 年分别为 1370.39 万吨和 832.70 万吨。

表 4-11　第二产业碳排放量情景预测

单位：万吨

年份	结构情景 1		结构情景 2	
	基准情景	低碳情景 1	低碳情景 2	低碳情景 3
2005	5571.22	5571.22	5571.22	5571.22

年份	结构情景1		结构情景2	
	基准情景	低碳情景1	低碳情景2	低碳情景3
2010	4383.51	4383.51	4383.51	4383.51
2013	2181.76	2181.76	2181.76	2181.76
2015	2088.57	1956.00	2053.18	1922.85
2020	1850.06	1470.62	1723.96	1370.39
2025	1785.33	1275.94	1543.47	1103.09
2030	1684.46	1082.36	1295.92	832.70

第四节　第三产业碳排放现状与情景预测

一、第三产业碳排放现状分析与情景预测

随着北京市产业结构不断调整，第三产业产值在北京经济中的占比日益增长，经济带动作用日趋明显，同时随着第三产业产值增长而来的碳排放问题越来越明显，因此对第三产业碳排放的分析就更加重要。

如图4-14所示，就碳排放而言，2005~2013年第三产业释放的碳排放量不断增加，由2521.8万吨上升至3584.3万吨；占排放总量的比例由2005年的30.6%上升至2013年的60.4%。从产业结构来看，第三产业产值由

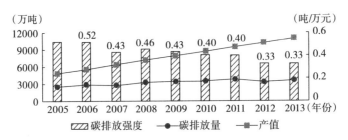

图4-14　第三产业产值、碳排放量与碳排放强度趋势

资料来源：根据《北京统计年鉴》（2006~2015）和《北京工业年鉴》（2006~2015）计算得到。

4584.3 亿元上升至 10967.6 亿元；所占比重也由 69.6% 上升到 76.5%；产值增长速度低于碳排放量增长的速度。碳排放强度由 0.52 吨 / 万元下降至 0.33 吨 / 万元，但是第三产业产值增长速度比碳排放强度下降速度快，第三产业碳排放量上升。

二、第三产业重点行业碳排放分析

基础服务部门的碳排放在第三产业中占的份额较高，2013 年北京市第三产业的碳排放总量为 3584.3 万吨，基础服务部门占 1837.9 万吨，需要对其进行重点分析。其中交通运输业产生的碳排放又是重中之重，碳排放量为 1734.6 万吨，住宿餐饮业和批发零售业分别为 119.3 万吨和 84.0 万吨。

（一）交通运输业

交通运输业作为基础服务业当中重要的环节，在货物和人员运输当中都扮演着重要角色。交通运输业经济产值的持续增加也造成大量的碳排放。通过对 2005~2013 年交通运输所消耗的能源数据测算碳排放量可得图 4-15。

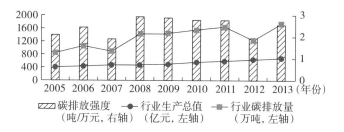

图 4-15　2005~2013 年交通运输、仓储和运输业碳排放与产值趋势

资料来源：根据《北京统计年鉴》（2006~2015）和《北京工业年鉴》（2006~2015）计算得到。

2005~2013 年交通运输业碳排放量由 844.4 万吨上升至 1736.6 万吨，上升比例达 105.7%，在北京市碳排放总量的占比由 10.23% 增长到 29.28%。

造成交通运输业碳排放上升的主要推动因素是北京经济增长导致对交通运输需求增加，2005~2013 年行业产值持续稳定增长，从 402 亿元增加至 682 亿元。铁路和公路里程都实现上升，客运量也实现翻番，从 6.08 亿人次上升至 15.3 亿人次；客运周转量由 838 亿人公里上升至 1499 亿人公里，货运周转量从 458 亿吨公里上升至 681 亿吨公里（见表 4-12）。

表 4-12   北京交通运输业里程及货运数据

年份	铁路里程（公里）	公路里程（公里）	客运量（万人次）	货运量（万吨）	客运周转量（亿人公里）	货运周转量（亿吨公里）
2005	966	14696	60841	32509	838	458
2013	1116	21673	153037	28294	1499	681

资料来源：《北京统计年鉴》（2006，2014）。

对于交通运输业来说，铁路、公路和航空等运输方式的能源强度也不一样，运输方式的转变，对碳排放量的影响较大。北京市当前主要的运输方式是公路运输，铁路和航空等为辅。如表 4-13 所示，北京市客运周转量 2006 年后处于稳定增长的状态，民航运输量快速增长。就货运量来说，货物运输量也保持较快增长速度，公路货物运输仍然是货运量主要增长来源，且公路运输量所占比例增加；而在货运周转量当中，铁路依然是主要方式，占总货物周转量的 50% 左右，但是公路和管道运输周转量有赶超的趋势。

表 4-13   北京市旅客及货物周转数据

年份	旅客周转量（亿人公里）				货物周转量（亿吨公里）				
	总量	铁路	公路	民航	总量	铁路	公路	民航	管道
2005	838	78	187	573	457	311	85	28	33
2013	1498	118	136	1245	681	323	156	49	152

资料来源：《北京统计年鉴》（2006，2014）。

根据纽约州和大伦敦的交通能源数据可以发现，纽约州交通运输业碳排放量占纽约总排放量的 41.3%，伦敦的交通运输业碳排放也占总量的 21.02%，能源消耗在总消耗中所占比例较高，同时交通业产值占比不足 10%，说明交通运输业碳排放较高是许多特大城市面临的问题。纽约和伦敦的交通运输业碳排放占比较高，该行业所消耗的能源大部分为石油类，碳排放系数较高，虽然可以通过提高电力、天然气等清洁能源在能源结构当中的比例，但是这种调整短期难以大面积推广（见图 4-16）。

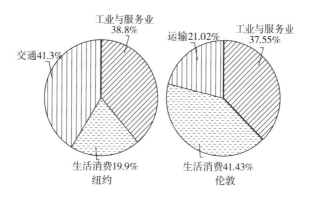

图 4-16 纽约和伦敦能源消费结构

资料来源：美国能源局网站（www.eia.gov），伦敦能源部网站（www.gov.uk）。

如图 4-17 所示，从北京的能源消费量来看，由于公路运输主要消费能源为柴油和汽油，其中短途公路运输能源为汽油，长途运输主要能源为柴油；铁路运输和航空运输的主要消费能源为煤油，两者都属于碳排放系数较高的能源类型，这也是交通运输业碳排放强度上升的重要原因。另外，煤油是北京交通业当中主要的消费种类，占比达 50% 以上，而柴油、电力和天然气等消耗量不断增加。

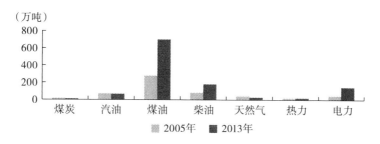

图 4-17 交通运输业能源消耗

资料来源：《北京统计年鉴》（2006，2014）。

与此同时，交通行业能源消耗量呈现出上升的趋势，显示北京市交通业产值上升带动的能源消耗量增加超过因为能源替代等对消费量的抑制作用。煤炭类和石油类能源消耗增速放缓，天然气等能源的消费比例上升，以及新能源电动汽车等的低碳型交通工具的发展，清洁能源替代高排放能源导致北京交通业碳排放强度的降低，在一定程度上缓解了交通行业碳排放量的攀升。但是由于天然气的利用比例仍然较低，所以对北京整个交通行业的减排作用有限，交通运输业碳排放量未来仍可能随产值上升而增加。

（二）住宿餐饮业

2005~2013 年住宿餐饮业的产值由 182 亿元上升至 244 亿元，碳排放量也从 177.51 万吨上升至 224.48 万吨，碳排放强度略有下降，从 0.97 吨 / 万元下降至 0.92 吨 / 万元（见图 4-18）。

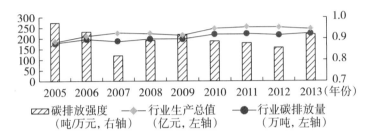

图 4-18 2005~2013 年住宿餐饮业碳排放与行业产值趋势

资料来源：根据《北京统计年鉴》（2006~2015）和《北京工业年鉴》（2006~2015）计算得到。

碳排放来自住宿餐饮业的能源消耗，客房数、餐位数以及行业产值的增长都影响该行业消耗的能源量。住宿餐饮业消耗的能源主要是电力、热力、煤炭和天然气。对酒店企业而言，排放的主体是酒店使用的锅炉、厨房等燃烧的煤炭、天然气、汽柴油等化石燃料。热力为取暖，电力为照明、空调取暖等消耗。节能减排的潜力从能耗种类上应先是取暖节能，即对取暖造成碳排放进行控制，其次是减少用于酒店照明、空调的电力能耗。

对于餐饮业，餐饮服务系统包括三个过程：原材料准备过程、食品制作过程、餐饮服务过程。产生碳排放主要在于购买原材料以及储存和食品加工时消费的能源。其中采购过程消费的能源是汽油以及柴油；在储存过程中消耗电力；而食品加工过程则在厨房进行，主要消耗煤炭和天然气。这一过程的减排方式是用碳排放系数较低的天然气代替碳排放系数较高的煤炭。

如图 4-19 所示，从能源结构上看，住宿餐饮业当中电力消耗占总能源消耗的一半左右，天然气占 1/4，其他能源主要有煤炭、热力和液化石油气等。在 2005~2013 年，煤炭和柴油的消耗占比降低 3.3% 和 3%，而液化石油气的占比提高 4.1%，电力占能源消耗的比例也上升 4.2%。电力和天然气能源消耗的上升一定程度上缓解了碳排放压力，但是由于煤炭和液化石油气的碳排放系数相近，两者在能源结构上的交替对碳减排的作用较小。与香港、纽约等地区的住宿餐饮业的能源消耗结构相比，其煤炭占比非常低，天然气占比较高，因此产生的碳排放量几乎可以忽略。如果北京可通过提高天然气、电力在能源当中的使用比例，则可在一定程度上降低该行业的碳排放量。

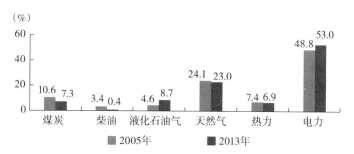

图4-19　2005年和2013年北京住宿餐饮业各能源消耗比例
资料来源：《北京统计年鉴》（2006，2014）。

（三）批发零售业

批发零售业与住宿餐饮业的碳排放量在2005~2013年都有所上升，根据对其能源结构的分析发现，住宿餐饮业当中煤炭占比较大，批发零售业当中汽油和柴油的消耗比例居高不下，这种能源结构当中的缺陷导致其碳排放强度都比较高，从而其碳排放量较大。

如图4-20所示，批发零售业碳排放强度在2005~2013年处于下降状态，从2005年的0.18吨/万元下降至2013年的0.09吨/万元，碳排放强度较低，属于比较低碳的产业。北京市批发零售业总产值持续上升，碳排放总量保持相对稳定。

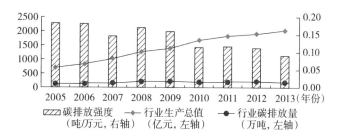

图4-20　2005~2013年批发零售业碳排放与行业产值趋势
资料来源：根据《北京统计年鉴》（2006~2015）和《北京工业年鉴》（2006~2015）计算得到。

如图4-21所示，批发零售业的能源结构中电力所占比例较高，达60%

以上，其他能源主要为汽油、热力、天然气等。碳排放主要来源于汽油、煤炭和柴油的消费，与住宿餐饮业的不同在于其汽油和柴油的消耗量占总消耗量的比重相对较大，这是由于批发零售业当中存在货物的运输环节，而这部分能源消耗产生的碳排放较多。

基础服务部门的发展相对缓慢，传统的商业、住宿餐饮业、交通运输业虽然产值都在上升，但是其在第三产业中的比重却有所下降。由于北京的经济发展到一定阶段后，居民的消费需求由衣食住行向更高级需求转变。消费弹性较小的基础服务部门未来在服务业当中的比重将有所下降。

通过与香港的传统服务业进行对比发现，北京传统服务业的碳排放强度较高的原因在于主要消费能源为煤炭，热力和电力占比相对较低。降低北京市服务业碳排放的途径为降低煤炭等能源的消耗比例。

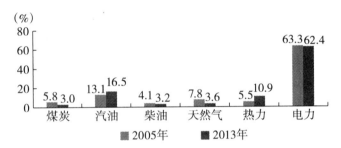

图4-21 2005年和2013年北京市批发零售业能源消耗结构

资料来源：《北京统计年鉴》（2006，2014）。

（四）金融与信息传输业

金融业与信息传输同属于劳动密集型行业，而且从业人员大多在写字楼或商业建筑内工作，碳排放主要来源于公司所在办公区域消耗的能源。如图4-22所示，2013年金融业的碳排放量仅有9.4万吨，在北京碳排放当中占比较低。同期行业生产总值稳步上升，从2005年的840亿元上升至2013年的1905亿元，且碳排放强度在0.03吨/万元与0.04吨/万元之间波动，属于低碳经济；大力发展金融业对北京的经济发展较为有利，且对碳排放量的抑制较强。

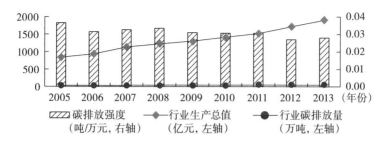

图4-22　2005~2013年金融业碳排放与行业产值趋势

资料来源：根据《北京统计年鉴》（2006~2015）和《北京工业年鉴》（2006~2015）计算得到。

通过对北京市写字楼的调查，其主要消耗的能源为电力和热力，其他能源消耗较少；热力用于供暖，电力主要用于照明、空调以及办公设备等的消耗。其中电力约37%被空调消耗调节温度，28%为照明消耗，22%用于办公设备正常运转（见图4-23）。由于电力和热力消耗不会产生碳排放，故其属于比较低碳的行业。

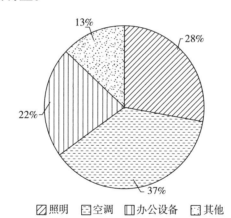

图4-23　北京市写字楼消耗电力用途比例

资料来源：根据《北京统计年鉴》（2013）整理。

（五）教育与医疗卫生业

教育行业主要指北京各大高校及中小学，以及日益增长的教育机构，其碳排放主要来自学校等场所消耗的能源。教育的碳排放强度在0.45吨/万元至0.70吨/万元之间波动，该行业的产值保持稳定增长，碳排放强度与碳排放量的变动较为一致（见图4-24）。

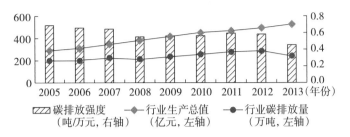

图 4-24　2005~2013 年教育行业碳排放与行业产值趋势

资料来源：根据《北京统计年鉴》（2006~2015）和《北京工业年鉴》（2006~2015）计算得到。

　　教育行业能源消耗量受学校及学生数量的影响较大。如表 4-14 所示，2005~2013 年不同类型学校的情况变化为：中小学数量下降，而高等学校以及学前教育学校数量上升。同时，在校人数除了普通中等学校有所下降外，其他类型学校在校人数都是上升的；学生人数增加导致教育对于能源需求增加，促进碳排放增长。

表 4-14　北京市教育行业相关数据

学校类型 年份	学校数量（所）		在校人数（人）	
	2005	2013	2005	2013
高等教育	166	177	701736	1882237
中等学校	917	759	859132	706713
小学	1403	1093	494482	789276
学前教育	1358	1384	202301	348681

资料来源：《北京统计年鉴》（2006，2014）。

　　教育行业消耗能源主要为煤炭、天然气、热力以及电力，其中供暖消耗热力、煤炭、天然气；热力主要依靠供热公司集中提供，而有些学校则需要消耗煤炭、天然气实现自主供暖；电力主要为维持照明和空调运转。在 2005~2013 年，电力和热力能源消费上升，但是碳排放量下降。从能源消耗上来看，电力、热力、天然气等清洁能源消费量增长而煤炭消费量下降，这种能源结构的转变一定程度上降低了碳排放量。

表4-15　北京市医疗行业数据

医院家数	医院数量（个）		医院床位 （张）	
年份	2005	2013	2005	2013
医院	519	647	72329	115278
社区服务中心	8	1926	51	4548
其他	4291	7568	6697	477
总计	4818	10141	79077	122754

资料来源：《北京统计年鉴》(2006，2014)。

由于影响因素相似，卫生与社会福利业的碳排放强度也类似于教育行业，其碳排放主要源于医院等卫生机构等为就医人员提供场所和医疗条件消耗能源。从表4-15可以看出由于医疗需求的不断增加，北京市医疗机构的数量在不断上升，从4818家增加到10141家，床位也由7.91万张增加到12.28万张。随着医院数量和床位数量的增加，该行业对于能源需求也增加。

表4-16　北京市医疗行业不同能源消费情况

单位：万吨标准煤

能源种类	用途	能源用量	
		2005 年	2013 年
煤炭	供暖、供水	38.25	22.76
天然气		34.79	45.66
热力		16.10	45.55
电力	照明、空调	48.71	97.71

资料来源：《北京统计年鉴》(2006，2014)。

不同的医院碳排放强度存在差异，相较而言，大型医院的碳排放强度要低于社区医院，社区医院能源排放强度要低于诊所、医务室以及护理站等卫生机构。2005~2013年诊所、医务室和护理站的数量增长较快，医疗行业碳减排面临较大压力。该行业消耗能源大多为电力、热力、煤炭和天然气等，如表4-16所示。其中，煤炭与天然气、热力的用途是供暖、供水，电力的作用也主要是照明办公设备用电、空调用电等。

三、第三产业碳排放情景设计与预测

（一）第三产业碳排放强度情景设计

根据北京市碳排放强度的历史变动情况，考虑到随着北京市发展越来越低碳化，碳排放强度年均降低 20% 的高速度可能无法持续，同时参考纽约和东京 2013 年服务业的碳排放强度值分别为 0.18 吨 / 万元和 0.14 吨 / 万元。故本章设定情景 1 为北京市第三产业碳排放强度 2025 年可达到纽约当前水平，经测算，此时第三产业碳排放强度以 7% 的速度下降；情景 2 为北京市第三产业碳排放强度 2025 年可以达到东京水平，此时第三产业碳排放强度每年以 10% 的速度降低。根据碳排放强度不同变化趋势，可得到2015~2030 年碳排放强度变化的预测值。

表 4-17　北京市能源强度情景预测

单位：吨 / 万元

年份	碳排放强度情景 1	碳排放强度情景 2
2005	0.52	0.52
2010	0.40	0.40
2013	0.33	0.33
2015	0.29	0.28
2020	0.23	0.20
2025	0.18	0.14
2030	0.14	0.10

如表 4-17 所示，根据碳排放强度设定的不同情景，在情景 1 的情况下，北京市第三产业碳排放强度在 2020 年和 2030 年下降为 0.23 吨 / 万元和 0.14 吨 / 万元。在情景 2 的情况下，第三产业碳排放强度在 2020 年和 2030 年分别为 0.20 吨 / 万元和 0.10 吨 / 万元。

（二）第三产业碳排放量情景预测

本章设定北京市第三产业在经济结构中比重分别以 7% 和 10% 的速度上升，同时也假设第三产业碳排放强度分别以 5% 和 7% 的速度下降，根据不同情景预测结果如表 4-18 所示。

表4-18 北京市能源强度情景预测

单位：万吨

年份	结构情景1		结构情景2	
	强度情景1	强度情景2	强度情景1	强度情景2
2005	2521.75	2521.75	2521.75	2521.75
2010	3483.41	3483.41	3483.41	3483.41
2013	3554.35	3554.35	3554.35	3554.35
2015	3724.20	3569.05	3713.43	3590.34
2020	4185.21	3606.06	4123.28	3681.94
2025	4703.29	3643.46	4574.22	3775.87
2030	5285.50	3681.25	5059.66	3872.20

在基准情景下，北京市第三产业在总产值当中的比例以7%的速度上升，碳排放强度以5%的速度下降，预测北京第三产业2020年和2030年的碳排放量分别为4185.21万吨和5285.50万吨。

在其他三种低碳情景中，低碳情景1中第三产业产值占比以7%的速度上升，而碳排放强度以7%的速度下降时，北京市第三产业碳排放量2020年和2030年分别为3606.06万吨和3681.25万吨。低碳情景2中产值占比以10%的比例上升，而碳排放强度5%的速度下降时，北京第三产业碳排放量2020年和2030年分别为4123.28万吨和5059.66万吨。低碳情景3中产值占比以10%的比例上升，碳排放强度每年下降7%时，北京农业碳排放量2020年和2030年分别为3681.94万吨与3872.20万吨。

第五节 基于产业结构调整的减排
空间与对策分析

一、基于产业结构的碳减排空间分析

根据上述分产业的碳排放分析来看，北京市碳排放主要受产业结构调整和碳排放强度的影响。根据本章的情景测算，在不同的情景设定下，北京的碳排放量变动如图4-25所示。

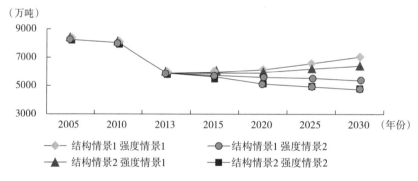

图4-25　不同情景下北京市碳排放总量预测趋势

1. 基准情景

在基准情景下，北京市将不进行主动的产业结构调整以及碳排放强度的降低，这种情况下第三产业产生的碳排放量的增长大于第二产业碳排放量的降低，北京市总排放量在当前情况下将是最低值，并在随后的时间里碳排放量呈现不断增长的趋势，在2020年和2030年，北京市碳排放总量分别达到6130.21万吨和7042.07万吨。

2. 低碳情景1

在低碳情景1的情况下，北京主动调整产业结构，但是碳排放强度保持正常变化，北京市碳排放总量变化趋势和基准情形类似，预计 2020 年和 2030 年碳排放量分别达到 5942.18 万吨和 6407.54 万吨；与基准情景相比，存在 188.03 万吨和 634.53 万吨的减排空间。

3. 低碳情景 2

在低碳情景 2 的情况下，北京的产业结构将以较慢速度变动，采取措施降低碳排放强度，第三产业产生的碳排放量的增长小于第二产业碳排放的降低，北京市碳排放总量在未来将呈现下降趋势，预计 2020 年和 2030 年碳排放量分别为 5149.6 万吨和 4801.59 万吨；与基准情景相比，存在 980.61 万吨和 2240.48 万吨的减排空间。

4. 低碳情景 3

在低碳情景 3 的情况下，北京市主动调整经济结构，降低第二产业比重，同时也通过采取新技术提高能源利用效率、改善能源结构等方式降低碳排放强度。预计碳排放总量在未来将呈现下降趋势，预计 2020 年和 2030 年碳排放量分别为 5125.24 万吨和 4732.26 万吨；与基准情形相比，仍然存在 1004.97 万吨和 2309.81 万吨的减排空间和潜力。

二、基于产业结构的减排对策建议

通过对北京市的碳排放进行分析发现，影响碳排放的因素主要包括产业结构和碳排放强度。在基准情境下，北京将延续当前的减排政策，保持产业结构调整速度和碳排放强度变动速度不变；在低碳情景下，北京将在延续当前政策的同时实施更加有力的措施加快产业结构调整或降低碳排放强度。本节在总结前面章节分析的基础上就如何实现低碳情景下的产业结构目标值和碳排放强度目标值，从以下三个方面提出建议。

（一）调整产业结构，提升第三产业比重

北京市的产业结构当中仍然存在不合理之处，在保证经济总量增长的情况下应对产业结构进行调整和优化，以实现低碳发展。调整产业结构要从以下两个方面入手：①提高经济发展水平。随着收入水平的提高，国民对于服务的需求增长较快，第三产业在经济当中的比重增加。②经济政策的运用。

北京市低碳城市建设目标与政策

为加快产业结构调整，可利用经济手段和行政手段，通过提高门槛和环境标准限制高碳产业的发展，同时加强对服务业的扶持，并进行适当的引导、鼓励，从而增加第三产业在地区经济中的比重。

（二）优化产业内部结构，鼓励低碳行业发展

产业结构调整不限于三次产业之间的调整，也包括第二产业以及第三产业内部结构的优化。

（1）降低非金属冶炼业、化学原料生产与制造业在第二产业当中的比重。按照《北京市关于加快退出高污染、高耗能、高耗水工业企业的意见》，通过限制该类企业发展，一方面淘汰产能落后的行业和企业，另一方面关停水泥等高排放的企业，这些企业是北京第二产业碳排放的重要来源，通过对生产效率较低，产生碳排放较多的企业进行整治和清理，同时减少对高排放新项目的审批，可以有效地降低碳排放量。

（2）鼓励金融、信息传输业等现代服务业的发展。从对第三产业的分析可以看到交通运输业、住宿餐饮业和批发零售业等传统服务业的碳排放强度较高，但是产值占比却比较低。金融业与信息传输业等新兴服务业的产值高而碳排放强度低，北京市政府可鼓励金融业、信息传输业和文化产业等低碳行业的发展。

（三）改善能源结构，提升能源利用率

碳排放强度是影响北京市碳排放的重要因素，通过技术进步，提高能源的利用效率以及调整能源结构可以降低碳排放强度，也是实现低碳情景的途径之一。

（1）北京市第一产业碳排放强度较高，由于碳排放主要来源于农机消耗的柴油和汽油，以及取暖消耗的煤炭。故可通过提高农业机械的利用效率来降低对柴油和煤油的消耗；另外，使用天然气等能源取暖代替煤炭，实现碳排放强度的降低。

（2）在加快退出高耗能、高排放工业企业的同时，可通过改善能源结构的方式来降低碳排放强度。在非金属冶炼业和化学原料生产与制造业当中，可以通过对燃煤工业锅炉等进行升级改造，加大热电联产、余热余能回收等节能措施来实现提高利用效率或降低能源强度；从能源结构来看，非金属矿冶炼业和化学原料生产与制造业消耗的能源主要是煤炭，可提高天

然气和热力等清洁能源在能源结构中的比例。

（3）加强在新能源领域的开发与应用来降低碳排放强度。北京能源消耗中煤炭的占比较高，天然气等清洁能源占比较低，且这种能源结构的不合理分布在包括电力、热力生产与供应业，化学原料生产与制造业等行业当中，可采取的方法包括提高天然气在各行业能源消费当中的比重，增加住宿餐饮业、教育与医疗卫生业等行业热力和电力的消费占比；同时还包括开发及推广太阳能和风能等环保能源的应用。

第五章

北京市低碳产业发展

第一节　碳管理与企业经营创新

随着全球人口和经济规模的迅速扩大，气候变暖日趋严重，给人类的生存环境和生命安全带来了极大的威胁，能源短缺、碳排放量等环境保护问题也日益受到人们的关注。发展低碳经济，以实现经济发展与应对气候变化的双赢，目前已成为一个世界性的大趋势。2009年11月25日召开的国务院常务会议决定：到2020年我国单位国内生产总值二氧化碳排放比2005年下降40%~45%，这一决定标志着我国经济社会发展开始全面迈入低碳时代。为应对国际减排压力，满足国内经济结构调整，能源供应安全等内在战略需要，中国政府也将低碳发展确定为转变经济发展方式的重要突破口，企业的碳约束时代已经来临。因此，在低碳经济背景下，企业管理应遵循低碳经济理念，实行低碳管理，这是企业履行社会责任，也是企业为满足自身可持续发展的必然选择。

一、企业"碳管理"的开展及要求

碳管理简言之就是以减少生产、经营活动中的二氧化碳排放为核心的管理活动。碳管理战略可使企业更清晰地了解其所处的政策与经营环境，理解碳约束为其带来的挑战与机遇，帮助企业化解潜在风险、把握发展机遇、提升竞争实力、实现持续发展。这样的工作越早开展实际上对企业越有利，开展得越主动越有利。在当前碳管理并非强制要求的社会环境中，企业专门安排人力和时间来完成这样的事情，推进碳相关事务，目前最根本的也是为满足企业负责人的战略考量或喜好。

企业的碳管理主要是从碳排放数据管理、碳资产管理以及碳交易管理三方面开展。

碳排放数据管理主要包括整理和汇总设计碳排放量统计核算的原始数据和证据文件、填报企业年度碳排放报告、组织各职能部门配合第三方核查机构完成碳排放核查等。碳排放数据管理的核心是碳排放量统计核算、落实碳排放核查，其管理目标是及时、准确地汇总企业碳排放量数据，高效地支撑碳排放核查工作。在企业进行相关数据的核算和报告时，一定要严格按照相关行业制定的温室气体排放核算与报告指南中的规定来进行一系列的碳排放核算和报告活动，正确识别排放源与排放边界，建立排放源台账，记录边界变化情况。此外，企业要建立并保持有效的数据内部校核与质量控制要求，包括对文件清单、原始资料、检测报告等要求，如果有必要也要提前预备建立相关的数据缺失处理方案；当企业在对碳排放的有关数据进行监测和之后的分析时，根据之前历史记录的能源使用与消耗数据，汇总整理各用能部门数据，提前严格制定并实施年度碳排放监测计划，按计划进行分步骤实施。同时，更重要的是根据以往记录数据总结规律，分析异常数据出现的原因，尽量避免以后出现类似状况，这就要求企业一定要及时建立监测设备与计量器具台账，做好维护与定期校验工作；数据的正确与否以及企业工作人员负责与否，需要第三方人员客观公正地定期核查，于是，配合第三方机构人员的核查也就成为碳排放数据管理中相当重要的一个步骤，在配合第三方人员核查时相关企业要提前遴选第三方核查机构，安排具体现场访问日期，而相关协调部门人员应提前准备核查所需的相关数据资料且在核查过程中要正确回答核查员提出的问题，最后一定不要忘记对核查报告进行审核并确认。

碳资产管理主要包括新增设施配额申请、年度碳排放配额履约、碳配额余缺预测和分析、应对碳交易机制工作年度预算制定、碳排放目标分解与完成情况考核、碳交易政策与市场信息分析研究、碳配额交易申请提出等。碳资产管理的核心是提高配额持有量、控制碳排放量、减小配额缺口，其管理目标是在确保配额量能够满足履约要求前提下控制履约成本。其目的主要是掌握企业碳排放配额与碳排放量状况，当碳排放配额不足时，积极采取应对措施，保证有足够配额进行履约；当碳排放配额富余时，对碳资产进行合理的经营管理，通过交易或其他方式提高收益。在对碳资产进行管理的过程中，企业首先要自身明确所需"投入"，即新增设施配额申请方法与所需材料，明确履约工作流程与时间节点，根据自身所属行业配额分配方法进行履约成本的测算，建立财务预算，尤其要注意明确履约不合规的相关处罚机制；其次，企业要不定期地进行碳排放绩效考核，这就要求企业事前要合理设定不同部门、不同岗位的碳排放绩效考核参数，基于良好的数据管理体系科学预测年度碳排放量，通过配额分解科学设定不同部门碳排放目标，之后根据所设定的目标制定严格的碳排放绩效考核机制；最后，企业要明确一个概念，即中国经核证的减排量（CCER），也就是通过实施项目削减温室气体而获得的减排凭证。在履约过程中，企业的排放如果超过了国家给的碳配额，就需要购买其他企业的，也就随即形成了碳交易，但也可以通过采用新能源等方式自愿减排，这种自愿减排量经过国家认证之后，就可以称为 CCER。它可以在控排企业履约时用于抵消部分碳排放使用，不仅可以适当降低企业的履约成本，同时也能给减排项目带来一定收益，促进企业从高碳排放向低碳化发展。因此，CCER 抵消使用对于全国碳市场建设有着重要的意义，为此，企业对于 CCER 的管理，首先要明确 CCER 开发成本、流程与周期，明确 CCER 履约规则、使用条件并密切关注相关政策，时刻掌握 CCER 市场动态与价格区间，并尽力挖掘 CCER 开发潜力，研发 CCER 方法学。

碳交易管理的核心是碳交易资金管理、碳交易方案审批、碳资产交易操作，其管理目标是在加强监管与风险防控的同时保证碳交易流程具有一定灵活性。主要工作包括有明确配额（及 CCER）交易程序与交易规则，预先制定一系列配额（及 CCER）卖出与买入交易工作程序、场内与场外交易工作程序，通过建立更加灵活的交易审批流程和宽松的资金监管机制，保证能够根据碳市场形势变化迅速进行交易。引进具备较强碳交易能力的专业人才的同时及时制定碳交易资金风险防控制度，有效降低碳交易风险。从而，总体上提高碳交易管理水平，实现碳资产的增值。

二、企业碳管理的经营创新

企业要想发展碳管理的创新经营模式，就要从企业本身的性质出发。企业本身就是一个以利益为驱使，盈利为目的，综合运用各种生产要素包括土地、劳动力、资本、技术、企业家才能等，向市场提供商品或服务，实行自主经营、自负盈亏、独立核算的法人或社会经济组织。企业实施碳管理不仅有利于挖掘企业长远的发展潜力，规范企业的管理，使企业所需的各种物质资源有效化、发挥最大利用价值，促进企业更好更快地向集约型可持续发展，而且有利于实现整个社会物质资源利用最大化，使单位资源的产出达到最大化和最优化，最终使整个社会的福利效应提高。

企业是连接生产、分配、交换、消费的纽带,那么企业为了实现低碳经济,无疑要从这几个环节着手。企业从生产直到消费的这一完整的过程,应将低碳落实到每一个环节中,从而实现整个链条的低碳。产品生命周期的温室气体排放量是原材料排放量、使用能源排放量、制造服务排放量、产品使用排放量、运输排放量、储存排放量、使用阶段排放量、最终处置排放量的总和。所以,企业在选材、制作生产、产品包装、污染物处理、物流过程、消费等方面都应该健全机制以及加大监管力度。具体来说企业可以从以下六个方面实施:

(一)重视碳管理,创新企业经营管理理念

　　企业文化是指一个企业长期形成的并为全体员工认同的价值信念、行为规范的总称。企业的价值观和企业目标决定着企业的发展导向,也决定着企业创新活动的方向,因此,在低碳时代,企业战略转型首先要结合企业的实际将低碳责任理念融入企业结构调整和优化升级。使企业实现与自然共生,符合自然生态原则的价值需求、价值规范和价值目标。同时通过不断宣传和教育的手段提高企业员工的低碳意识,营造企业低碳文化氛围。企业文化要与时俱进、科学发展,随着社会低碳理念的流行,低碳理念也成为构建企业文化的重要维度,成为企业良好发展的思想驱动力。

(二)提高碳技术,实现企业战略转型升级

　　不得不承认,有关碳技术的研发与应用方面,许多发达国家是很有发言权的,发达国家比我们更早进行有关低碳方面的研究,并且已经多次大量投入资金进行研发,且已经培养出大批在低碳方面稍有建树的人才,因此,我们国家要想在低碳技术的研发创造方面有所突破,必须加强国际之间的人才交流及经济技术的合作,进行低碳技术的创新。尤其对于更多的中小高新技术企业来说,低碳技术的大规模应用在国内的确是有大量的市场需求来做支撑的,所谓需求推动供给的发生,这些高科技企业更应该乘着目前低碳盛行的这股热潮,以技术整合其他资源,最终形成一条完整的价值链。从技术研发产品设计角度配合国家的低碳发展优惠政策,提高现有资源的有效利用率,降低单位产品的碳含量,从而提升产品的性能和生产率。此外,企业还要积极联系国内外相关高校和研发机构,积极引进相关方面人才和技术,重视对低碳技术知识产权的保护,从而促进企业低碳技术的良性发展。

（三）打造低碳环保品牌，提升企业竞争力

在知名度为先的世界上，品牌很重要。由于信息时代为顾客提供了过量的产品选择与配置，品牌就成了消费者识别其喜欢商品的捷径，对挑选雇主的人才也是如此。公司在保护声誉、建立品牌方面做得越好，在获得并保持竞争差异方面就越成功。阿尔里斯说过："世界上最富有的国家的经济是建立在品牌之上，而非建立在商品之上，这一点毫无例外。"从这句话中可以看出品牌对一个企业甚至是一个国家经济的巨大作用，所以低碳经济的发展不能缺少品牌的低碳化，企业要打造出具有自身特色的低碳品牌。低碳品牌不仅意味着该企业的产品、技术和服务的低碳化，而且还包括企业内部其他方面以及外部各相关主体的一种共同的低碳理念和精神，这种精神能通过企业品牌向社会公众展示出来，并且向大众传播低碳的生活方式。

建立低碳品牌是企业顺应经济发展大趋势的必然选择，有助于企业品牌竞争力提升，有助于长远可持续发展。从企业发展自身来说，实施低碳营销模式可以为其在市场上赢得独特的竞争力。低碳营销可以为企业树立良好的环保形象，赢得竞争优势。随着经济的发展，人们对生活质量的要求也越来越高，企业要想在竞争中取胜，要想赢得消费者的青睐，生产低碳环保产品是一种绝佳方式。企业可以向消费者提供有益于健康且环保的产品和服务，来获得良好的公众形象和客户忠诚度，从而在激烈的竞争中立于不败之地。随着人们环保意识的增强，人们更加强调和追求生活品质，追求环保且健康的产品。企业若能转变经营观念，开展以低碳生产、低碳消费为中心的低碳营销战略，为消费者提供低碳产品，无疑对企业扩大市场占有率，提升企业的市场竞争能力起很大的作用。

（四）构建碳管理评价体系，实施碳管理决策

低碳发展组织体系覆盖有集团高层、职能管理与具体经营这三个层次。一般来说，企业内部应该设立有专门管理碳资产的专业机构，其任务就是根据碳足迹实时跟踪计算其产品和服务的碳排放，同时编制碳排放清单，这也是企业进行碳管理的最基本责任。与此同时，该机构也应该按时为低碳生产、供应链管理、销售，甚至之后的碳排放有关信息的披露提供准确、客观的碳数据，并将这些数据赋予合理的权重纳入企业的业绩评价指标体系之中，从而形成整体较为科学、合理、规范而全面的企业绩效评价体系，

尤其重视其中的碳管理部分的总体得分。这样就能避免出现一些按时履行低碳管理的企业的经营效果反而不如那些投机取巧并没有履行低碳管理的企业的经营效果的"劣币驱逐良币"的不公现象。

碳管理决策是实施碳管理方法,对实施进行反馈的一个碳治理的过程。碳管理决策是建立在对低碳数据信息收集基础上进行的分析研究,从而有针对性地提出对企业最佳的决策建议。实际上,企业碳管理决策业务流程一般包括有碳排放信息、企业各类指标、碳管理成本信息、企业产品供应链上下游等信息的收集处理、信息数据业务功能的分析处理、实施分析以及决策反馈这三部分。根据之前企业发展的情况及各类相关低碳数据的收集分析,总结企业低碳生产的一般规律和生产效率,预测未来某段时间企业可能的碳排放趋势,从而进行下一步有针对性的决策建议。由于碳管理方案在确定的过程中牵涉到各方利益的博弈以及多方不确定因素的影响,有时甚至是突发性的主观因素影响,因此在确定最终方案时要综合相关专家的评估意见,对每个决策方案的效果性、经济性、可行性三方面分别综合考虑评价,优中选优,最终评选出数个可靠的方案供企业进行最后的遴选。企业在方案选择时,通常是以自身利益最大化为出发点,适当考虑社会公众利益,对优选出的几个方案进行最终定夺。

(五)控制碳管理成本,提高企业整体效率

碳管理成本是指企业在防治和治理企业碳排放过程的费用支出,这是建立在整个企业过程中的包括制造、生产、物流、使用和废弃产品生命周期的补偿内容。企业碳管理成本包含检测成本、治理成本和预防成本。检测成本和治理成本都包含投入相应的技术成本和人工成本,预防成本是指因超出既定的企业碳排放量而造成的支出,这里狭义地把碳资产作为企业碳交易配额。碳管理成本核算应以碳盘查和碳管理为核算基础,例如在碳盘查过程中所支出的检测成本,在碳管理中的治理成本,都构成了碳管理成本的费用发生,也即企业为了抵消企业的碳减排配额所做的碳交易。对于碳资产的管理方式,相对于欧洲通过一个团队来做碳资产管理的做法,中国大多数企业可能是出于应付检查的原因,或者是出于减少成本的原因,通常采用的是由一个人来做的方法,这种做法在实施的过程中当然也很容易出现问题,因为碳管理必然是要涉及企业的法务、财务等多个部门,因此企业最有效率的做法应该是以团队来管理碳资产,综合各个部门优势资

源，有所侧重地进行碳资产的整合和管理。

（六）适时披露碳管理信息，保障社会公众最大利益

碳管理信息披露指企业以定期报告或者责任报告的形式，将公司碳减排相关的信息向利益相关者和社会公众披露的行为。现在主要的方式有强制性的和自愿性的。碳管理信息的披露有利于帮助社会公众及时全面了解并监督企业的碳治理动向，发现企业减排空间。现在的企业碳管理信息披露基本都是以自愿为主，一个企业要想以良好的形象示人，碳信息披露将成为其必不可少的部分。如联想企业早在 2009 年就在企业年度责任报告中开始披露企业碳信息，并作为其社会责任中的重要一部分。企业碳管理信息披露主要分为三个部分：气候变化的战略分析、碳排放核算和碳减排审计。其中，气候变化的战略分析指的是企业利益相关者对企业碳管理信息的需求，包括企业碳管理的措施、企业对碳治理的战略目标、政府出台的有关碳管理的政策出台和相关法律法规等；碳排放核算无疑就是对碳盘查结果的展示，方便社会公众时刻监督企业碳管理的过程；碳减排审计通常是由国家委派的专业测试机构或相应资格的人员才能实施的，有助于提高企业碳管理的科学性和可信性。

在低碳经济时代，利益相关者如股东、投资机构、消费者等对企业的碳排放信息更为关注，资本市场已将温室气体资产或负债作为一个考核指标，企业尤其是上市公司正面临更高的温室气体信息披露要求。就消费者而言，随着低碳经济的推广，购买节能环保产品逐渐成为首选，通过需求对供给的影响，企业也将相应地调整发展方向，企业将资本、技术、劳动致力于低碳产品的研发中，通过技术升级与批量生产，提高劳动生产率，虽然初期的成本会增加，但是就长远来看，生产成本会降低，从而实现规模经济价格合理的产品投入到市场当中，具有明显的优势，无形中引导着消费者的消费方向，从而促进高消耗、高污染产品逐步退出市场，也使企业获益。企业与消费者之间相互影响形成了一种良性循环，这是一种双赢的表现。对于投资者而言，越来越看重"碳风险"，即企业的碳排放对企业收益的影响问题。在国家低碳政策的大环境下，企业低碳模式无疑成了现在以及将来的发展方向。企业的碳管理受到社会上越来越多人的关注，必然也受到越来越多人的质疑，因此碳管理信息的及时披露显得特别重要，在提高公众对其信任性的同时也是企业对社会负责任的一种表现。

第二节　低碳产业的重要领域

中共中央政治局就推动形成绿色发展方式和生活方式方面曾进行多次的集体学习，其中习近平总书记在主持学习时也在不断强调，社会的发展建设必须要始终把生态文明建设摆在突出地位，加快构建绿色循环低碳发展的产业体系，为公众创造绿色和谐的生产生活环境。

作为新的发展理念，低碳发展要求经济发展与控制碳排放、环境保护相统一，实现人与自然之间和谐相处。作为新的发展模式，低碳发展强调更加注重经济发展质量，转变生产和消费观念。作为新的国际经济发展规则，低碳发展要求国内产品符合发达国家的市场准入条件，产品是否低碳成为国际贸易的新门槛。

为了更好更快地构筑一个和谐宜居的低碳城市，我们在进行低碳产业发展的时候，重点关注的领域是工业、建筑、交通、能源、消费。

一、工业生产领域

工业生产作为发展中国家提升综合经济实力的重要途径，一直是以能源资源的大量消耗为代价进行发展的，是一种忽视了生态环保而追求物质利益最大化的不可持续的生产方式，其带来的后果是后代子孙生存环境恶化的巨大威胁。据有关数据统计来看，能源消费占全国消费总量的比重始终在70%以上，工业煤炭消耗占全国的50%左右，工业化石能源碳排放占全国碳排放的70%以上。仅工业生产所需的能源资源消耗已占据国家乃至世界能源资源总量的绝大部分，因此，改善工业发展的能源资源消耗模式，更新工业发展的生态环保设施，完善工业发展依赖的工业低碳政策，构建起一系列科学、合理、可持续的工业低碳生产发展体系，不仅有助于降低工业碳排放水平和我国经济整体碳排放水平，推动当前高消耗、高污染、高碳排放的工业发展模式转型，更重要的是引导我国工业极早地走向绿色低碳的生产发展方向，与先进的世界工厂更早地接轨，提升我国工业的国际竞争力。

二、交通、建筑和能源领域

交通、建筑和能源作为城市最主要的排放部门，其绿色化进程也成为城市绿色低碳发展的关键。由保尔森基金会、能源基金会（中国）和中国循环经济协会可再生能源专业委员会共同撰写的《绿色金融与低碳城市投融资》报告中就曾预计，未来五年中国低碳城市建设所需投资总额将达到6.6万亿元人民币（约合1万亿美元），用于低碳建筑、绿色交通和清洁能源三大行业。

首先，建筑是能源消耗大户，据统计全球有一半左右的能源用于建筑。目前，我国经济发展处于快速增长时期，尤其是随着人民生活水平的普遍提高以及对物质和精神生活品质追求的提高，更是加快了国内房地产业需求的不断增长，自然而然地使得建筑业发展带来经济总量的增长、贡献率提高的同时，也带来了建筑人均耗能的快速提升，结果致使其产生的二氧化碳等废气和建筑化学垃圾排放的迅速增长。据有关部门估算，预计到2020年我国建筑能耗将达到10.89亿吨标准煤，碳排放达到20亿吨二氧化碳。因此，为实现2030年碳排放峰值目标，亟须推动建筑部门低碳发展。

其次，同样是源于人民收入的不断增加及对物质追求的提升，几乎家家出行必备一辆小汽车，全国的机动车占有比例和出行比例在最近几年翻番地提升，交通部门自然而然也成为了我国能源消费和碳排放增长的重要来源。2013年，交通运输部曾印发《加快推进绿色循环低碳交通运输发展指导意见》，明确提出将生态文明建设融入交通运输发展的各方面和全过程，并提出到2020年，基本建成绿色低碳交通运输体系。为此，北京市首先作为人口聚集最多、密度最大、交通最拥堵的首都，出台了一系列限制机动车占有和出行比例的车牌摇号、限号政策，配合统一降低首都公共交通工具票价的政策，其效果显而易见，不仅在一定程度上减少了大量碳排放和废气污染，而且极大地改善了北京市的空气环境，尤其是雾霾污染改善的效果异常明显。于是，效仿首都出台的系列交通限制政策，国内多个省份甚至小到县城地区，也开始了出行车辆限号的政策实施，可见作为群众领导者的政府其改善环境的决心之大，实施力度之大，至于其效果将来可以

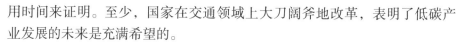

用时间来证明。至少，国家在交通领域上大刀阔斧地改革，表明了低碳产业发展的未来是充满希望的。

最后，能源领域的发展，是低碳产业发展过程中不可逃避也是最为关键的一个重要环节。国内能源领域的发展目前正处于由初步探索向成熟缓慢发展阶段，而在这个阶段发展中所不能缺少的重要助推剂就是技术，不仅是发现并挖掘清洁能源的先进技术，更重要的是提高能源利用效率的关键技术。一直以来，人们普遍认为大自然中的空气、太阳、水等都是可再生的取之不尽用之不竭的清洁能源，因此，在煤炭、生物、化学能源利用殆尽之时，国家把能源资源的挖掘转向到太阳、空气、水等自然资源。于是，太阳能、风能、水能的利用很快地普及到人们的生产生活当中，有相关报告中曾经预估，中国要实现低碳发展目标，需要在 2020 年之前投资 5000 亿元人民币（约合 770 亿美元）用于发展分布式太阳能光伏。当然，实现国家清洁能源发展目标的前提是这些清洁能源的确能够取之不尽，然而，最近几年国内面临着处处充斥着雾霾、各地方淡水资源逐渐不足几乎威胁人类生存的这些现状，再次为我们敲响了能源资源消耗殆尽的警钟，迫使我们不得不思考如何提高对包括清洁能源在内的能源的重复使用率。

三、消费领域

低碳消费与低碳生产具有良性互动的特点，低碳消费可以带动生产方式的低碳转型，同时低碳产品的有效供给有利于实现低碳消费。社会崇尚物质消费文化，是导致资源环境恶化的重要因素。建设低碳社会，要推动崇尚物质消费的社会文化向保护生态环境、资源节约的社会文化转变。只有人们所处的社会文化环境发生了实质性改变，才会使人们的生存意识发生实质性改变，引导人们的生存理念从物质消费转向低碳消费；我们也可以通过实施低碳产品标准和低碳金融，大力推动"低碳标签"产品带动低碳消费，可以产生较好的减碳效果；而在整个转变过程中，转变消费方式始终需要政府配合出台相关支持政策，一方面通过加大低碳消费宣传力度，提高消费者的低碳环保意识，引导社会公众加大对清洁能源和低碳产品的消费，另一方面通过宣传教育与政策引导，改变当前社会追求物质消费、盲目消费、过度消费等不合理现状，积极推动共享经济发展，培育新型低碳消费方式。

第三节　低碳产业的世界竞争格局

研究发现，全球各个国家都在积极致力于低碳经济的发展，这一举措已催生一大批新的低碳能源产业、低碳生活方式、低碳技术发展等，由此可见不久的将来世界经济竞争必将是低碳经济的竞争。尤其是主要发达国家将加快低碳经济转型，并形成全球竞争新格局，大规模对低碳领域的投资将培育出新的经济增长点，发达国家将主导低碳技术和产业的发展。

一、美国的低碳产业

（一）美国工业低碳发展政策

美国是世界上 GDP 最高的国家，GDP 的 80% 主要来自服务业，这种产业结构特征，决定了美国的碳排放主要集中在交通和建筑领域，工业碳排放不是美国碳排放的主要部门。受国际气候治理体系、国内政治格局等多方面因素影响，美国缺乏整体的低碳发展战略。尽管美国缺乏整体的低碳发展战略，但是美国高度重视低碳技术发展。2009 年，奥巴马签署《复苏与再投资法案》，内容包括开发新能源、节能增效和应对气候变暖等方面。开发新能源为核心内容，与开发新能源相关的投资总额超过 400 亿美元。还有众所周知的"清洁煤计划"，它是美国政府支持美国能源部开展的相关技术研发，包括新型污染物控制技术、煤气化技术、先进燃烧系统、汽轮机技术、碳捕集与封存技术等。此外，美国还出台了一项重要政策《美国清洁能源法案》，支持美国清洁能源发展，该法案明确规定减少化石能源的使用，到 2020 年温室气体排放量在 2005 年的基础上减少 17%，到 2050 年减少 83%。美国还将通过一系列的节能环保措施，发展低碳经济，培育新能源产业，使其成为新的经济增长点，重振美国经济。

（二）美国工业低碳政策发展趋势

受多方面因素的影响，美国工业低碳发展政策的前景不明朗。一是尽管美国页岩气革命增加了美国天然气的供给，但气代煤的潜力有限，不足以支撑美国长期的能源需求。二是美国政府强调"再工业化"战略，随着实体经济回归美国国土，美国的减排难度会有所增加。三是当前美国的低碳发展动力主要来自市场，由于受国内政治格局的约束，推动美国低碳发展的政策支持力度不大。四是页岩气投资降低了美国对新能源和可再生能源的投资力度，阻碍了美国新能源和可再生能源产业的发展。

二、英国的低碳产业

（一）英国工业低碳发展政策

英国是低碳经济的倡导者和引领者，英国低碳政策主要包括低碳立法、低碳战略、财政和税收等方面。最早可以追溯到首次提出低碳经济概念的2003年英国政府发布的能源白皮书《我们能源的未来：创建低碳经济》，文件中指出今后几十年，英国将更替或更新大部分能源基础设施，重点发展清洁能源，计划到2050年，二氧化碳排放量降低60%，并保证每个家庭以合理价格得到充分的能源供给。之后英国政府相继发布了《能源效率：政府实施计划》《气候变化法案》《能源法案》《英国低碳转型计划》等，直到2012年英国政府公布新的《能源法案》，明确了内容主要包括调整国内能源消费结构和发展低碳经济，新法案规定，政府支持包括可再生能源、新的核能、燃气及碳捕集和封存技术等。甚至在2011年，英国政府专门成立碳基金，利用征收气候变化税和垃圾填埋税资金，帮助企业开发低碳技术。英国气候变化税从2001年开始在全国征收，其目的也主要是推广可再生能源。近年来，英国还通过颁布《碳减排目标计划》《暖风行动》和《社区能源计划》等政策，引导英国的低碳市场需求，促进低碳产品市场转型。如英国政府向社会传播节能信息和知识："充电器不用时拔下插头每年能节省约30镑、换个节能灯每年能省60镑"。这些政策虽然见效不是很明显，但它通过潜移默化的引导方式，使低碳消费日益深入人心，成为一种社会习惯。

（二）英国工业低碳政策发展趋势

总体来看，英国的《气候变化法案》为英国应对气候变化提供了明确的目标和整体的路线，同时《英国低碳转型计划》从工业、能源和交通三个方面为英国发展低碳经济提供了框架，可以说，英国已经突破发展低碳经济的最初瓶颈，初步形成以市场机制为主体的气候治理体系，这种体系是由政府、企业和民众共同组成的一个互动体系。在巴黎大会后的气候变化新形势下，英国的低碳经济战略将会更加有利于其低碳经济发展。

三、日本的低碳产业

（一）日本工业低碳发展政策

日本是一个能源消费大国，而本国的资源却非常匮乏，因此许多关键的资源均依赖进口。同时，日本是一个岛国，由于国土面积较小，海岸线比较漫长，气候变暖的危害十分巨大。所以，为了降低气候变暖对本国国民健康和产业部门的破坏，日本政府对生产和消费各领域的节能减排非常重视。早在20世纪70年代，由于石油危机爆发，日本政府开始发展替代能源，以此优化本国的能源供给，降低本国经济的石油依赖度。1974年，日本在全国推行"阳光计划"，重点对煤炭、氢能、地热能、太阳能等技术进行研发。直到2010年，日本先后制定并出台了多项法案，制定了相应的《地球变暖对策促进法》，出台了《新国家能源战略》，还发布了《21世纪环境立国战略》白皮书，主要是关于废弃物、化学物质、可再生能源、气候变暖等领域的，其目的在于克服环境危机，实现社会和经济的可持续发展。此外，为了保证有效实施低碳政策，日本财政部门还专门为此制定了相关的减税优惠政策以及碳税征收政策。尤其是面向日本国民推行环保积分制度，直接有效地推动了节能减排工作的进行。

（二）日本工业低碳政策发展趋势

日本出于自身资源条件受限的考虑，发展低碳产业的历史悠久，且国民的低碳意识很强，接受面覆盖也很广，大到工业生产，小到国民的日常生活中，无时无刻不在体现着"低碳方式"。未来日本将进一步加大对低碳技术的投资，稳固其世界领先水平，并用于绿色经济建设，以创造更多就业机会，抵制全球气候变暖。此外，日本着眼于低碳技术革命，主要发展太阳能利用技术，发展低碳物流，推广环保车辆，未来日本极有可能实现可再生能源利用规模的世界最高水平。

四、中国低碳产业的发展

（一）中国低碳能源发展现状

最近几年中国北方大部分地区遭遇前所未有的持续雾霾天气，已经使超过 2000 万市民受到了影响。并且中国对煤炭等主要能源的严重依赖直接导致了温室气体二氧化碳的排放猛增。此外，中国民众受益于整体经济的高速发展而获得了空前财富，汽车、消费类电子产品和其他需要能源的产品作为中产阶级崛起的标志随之供应大增。综上，民众对能源需求的与日俱增和对气候变化的关切迫使中国要建立一个强有力的低碳能源战略。于是，我们会发现，当我们对比中国与那些发达国家的低碳创新产业时，仅仅十几年前的中国在低碳技术的开发、生产、商业化等方面还都落后于美国，而今它则成为了全球风能、太阳能、锂电池、电动车、核能等低碳能源领域领先的少数几个国家之一。事实上，中国作为全球最大的光伏、风能产业基地已经将美国和欧洲远远地甩在了身后。日益增长的政府驱动力刺激着中国低碳能源的自主创新，使得中国企业在太阳能、风能、锂电池、核能等领域远远超过了美国的公司。截至 2011 年，四家中国厂商跻身世界十大风电制造商行列，共同占据了全球 26% 的市场份额。中国在低碳领域的创新和优势地位超过美国等一些发达国家，主要得益于以下两点：首先是中央政府决定在中国发展低碳能源战略；其次是国外软弱低效的能源政策无法激励可再生能源产业，同时，立法机构对于政府是否参与促进一个新兴行业成长和创新方面的立场不定。最关键的一项还是政府的可再生能源政策。这些政策包括积极的收购技术、采购补贴、研究与开发补贴、国内采购定价、区别对待国内国外的技术设备、利用关税和增值税手段，甚至使用清洁发展机制来支持可再生能源发展。

在风能、太阳能和电动汽车领域，中国制造商在全球市场上的确是领先于美国和欧洲。然而中国企业在低碳能源行业的优势不是无懈可击的。尤其是伴随着该领域内企业的快速扩张而导致了产品的质量问题，由此产生了客户和产品服务体系的不健全同样值得关注。最近几年由于糟糕的管理及政府因素而宣布破产的案例，就在这方面为同业提供了一个很好的教训。还有一个风险则是中国政策青睐国产技术设备的程度很深，此种政策的坏处便是很容易激起来自欧洲或美国的贸易保护主义反弹而导致高额关税制裁，类似的案例也不在少数。

（二）中国低碳产业发展政策

"十一五"期间，中国密集出台了一系列法律、法规、规章，初步形成促进低碳发展的法律基础和政策体系。在2003年实施的《清洁生产促进法》和2006年实施的《可再生能源法》的基础上，2008年修订了《节约能源法》，首次以法律形式明确规定节约资源为基本国策，进一步确定节能在中国能源发展中的战略地位。2008年又针对中国传统的高耗能、高排放、低利用的经济增长颁布了《循环经济促进法》包含一系列调整产业结构、促进节能减排的政策性规定。2010年4月1日正式实施的《可再生能源法》（修订）确立了可再生能源在经济和社会可持续发展中的地位。伴随着政府颁布的政策导引，中国实施了"千家企业节能""淘汰落后产能"等节能行动，以及税收优惠等激励手段，致力于低碳产业又好又快地可持续发展，为中国长期应对气候变化也奠定了坚实的基础。

（三）中国面临的挑战与机遇

低碳经济作为一种新兴的经济模式，已被世界各国广为接受，并逐渐催生出一种新的经济增长点，对世界竞争格局和贸易规则产生长期深刻的影响。迄今为止，美国、英国、日本等发达国家已经把发展低碳经济作为本国的经济发展方向，积极投入大量资金和培养大批人才，甚至引进国外专业人才建立专门的研究机构推动低碳前沿技术研究，试图通过抢占低碳经济科技领域的制高点来提高本国的经济竞争力。欧盟也不甘落后，鼓励全民培养低碳意识，宣扬低碳的生活方式，在低碳经济领域发挥着引领示范作用，为世界低碳经济的发展做出巨大贡献。可见，发达国家一直以来都有意识地在包括能源、交通、建筑、技术等领域进行低碳方式的发展，从粗犷到集约型方式发展的过渡，并伴有低碳经济方面实质性政策的引导支持，且发展以来效果确实显著。自英国工业革命浪潮以来，经济增长的发展一直与能源消耗和温室气体的排放保持一致增长，经济的发展一直以能源资源消耗为代价并成正比相关关系，而自从引入低碳经济的新兴发展模式，国民经济增长将逐渐与温室气体排放、能源资源消耗"脱钩"。

对于中国而言，低碳经济这种新型经济形态的出现，不仅是中国可持续发展道路上的一次机遇，还是中国在世界经济竞争格局中的地位面临的一次严峻的挑战。改革开放40年以来，中国经济综合实力在大步提升的同时是以资源与环境的大量消耗和浪费为代价的，目前的中国已经开始面临着资源枯竭、环境污染、能源浪费、生态恶化的严重态势。具体来说，中国面临的严峻挑战是：经过几年经济的快速发展，中国正处于城市化高速发展时期，急需大规模基础设施和工业园区的投入建设；中国大部分城市的产业结构中仍然是以第二产业占据首要地位，且该重化工业的发展依然是以资源消耗型产业为主，距离先进制造业的发展仍然有相当远的距离；尽管最近一年国家开始提倡"煤改气"，尽量减少煤炭资源的消耗，但这个过程是很漫长的，能源结构仍然要以煤炭为主持续相当长的时间，能源资源禀赋具有明显的高碳特征；在提升资源利用率的技术研究方面，与发达国家相比，我们的研究经验少，时间短，技术水平相对较低，在低碳技术创新方面能力依然较弱，并且缺乏相关领域内的人才引进和核心技术引领等，这些因素共同造成了中国在低碳经济发展方面面临着压力和挑战。

当然，不可否认，发达国家的低碳经济发展确实领先于中国不少，给中国造成了思想负担、技术压力，甚至经济难题，但是带给中国更多的是先进经验的指导、技术的正外部性、政策的优先指引等机遇。比如，欧盟已建立的近十几年的相对成熟的碳排放交易市场的建设和运行经验的指导，可以值得我们借鉴参考；与我们情况类似的地域辽阔且分区域气候变化复杂的欧盟，建立起的气候治理机制，针对不同地区的工业低碳发展因地制宜采取不同的政策，这也是我们可以参考借鉴的；而关于规范低碳发展的法律制定方面，可以借鉴英国的气候变化立法，使工业低碳发展有最基本的法律规范约束并指引，通过完善立法来提高政府、企业和国民对低碳发展的共识，统一低碳市场的发展，建立公正严明的低碳市场秩序；汲取美国在国家低碳发展战略方面的教训，目光长远，立足当下，根据中国现实国情预先制定明确详细的低碳发展战略规划，内容具体到未来十年甚至二十年的整体发展目标、步骤以及极具可行性的措施等。

第四节 北京低碳产业的发展战略

一、加快低碳产业法律法规的建设

相比较国际上低碳经济的又好又快飞速发展，我国低碳经济的发展显然是不健全、不完善的。首先我们应该强调的就是低碳经济发展所处的法律和政策环境依然是不充分、不健全的，亟待进一步发展完善。为此，作为首都的北京更应该以身作则，发挥示范性引领作用，从低碳经济的深刻本质和必然趋势出发，借鉴国际经验，立足自身实际，从多方面来完善相关政策法律体系。

一直以来，北京市高标准做好产业疏解与淘汰退出，严格执行《北京市新增产业的禁止和限制目录》，率先建立开发区产业能效准入制度，严控新增项目质量；落实《北京市工业污染行业、生产工艺调整退出及设备淘汰目录》，坚决退出一般制造业和比较优势不突出的加工制造环节，避免碳使用量的白白浪费。为落实党中央、国务院《关于加快推进生态文明建设的意见》和国务院办公厅《关于加强节能标准化工作的意见》，北京市政府办公厅于2015年底印发了《北京市推进节能低碳和循环经济标准化工作实施方案（2015~2022年）》，明确了发展低碳产业时需要进行标准化规范的几大任务。北京市为了低碳产业的长远发展已经做出很多努力，但仅仅出台这些意见、方案、目录等还是远远不够的，对于"碳"的管制必须有配套的具有强制性的手段。其实对于"碳"的管制，最根本的源头在于对于碳的开采挖掘和可使用的总量的限制。首先，北京市有必要根据北京市低碳产业发展现有的能源资源总量，依据科学的手段预测出未来发展所需的能源资源总量，制定合理的开采方案，预先设定开采和使用的总体目标，并立足全国能源资源的生产分配策略，合理制定符合北京市低碳产业发展的能源资源分配指标，最终形成一个全面、规范、具体的能源资源开采、生产、使用计划，并依照计划付诸行动；其次，对于能源资源开采、生产、使用过程中出现的任何违规操作和超出限额的行为，北京市须制定一整套严格完整且有针对性的惩罚措施，不能仅仅采用经济手段，对于其所造成的后果严重的行为，甚至有必要配合刑法手段进行处罚。

二、加快低碳产业结构的调整升级

随着京津冀协同化发展的程度不断加深，北京、天津、河北之间的产业转移愈加频繁，京津冀城市群整体的产业结构也越来越协调，各地分别充分利用当地优势资源，因地制宜，发展适合当地的特色产业。同样，低碳产业在京津冀城市群中的发展也得到了合理的分配。北京市在响应国家的"疏解非首都功能"号召下，已把高耗能、低效率的高污染企业移出北京，安置在距离北京市较近、地域相对辽阔且亟待承接产业发展本地的河北地区，但并不是单纯地把产业进行了转移，而是在北京市原有产业转出的基础上，优中选优引进低耗能投入、高效率产出的低碳产业；而河北在后来承接的转入产业的基础上，对这些产业进行筛选并转型升级。毕竟，放眼长远，为保持整个社会可持续健康地发展，未来产业发展的方向只能是集约型的低碳产业，包括北京市在内的整个京津冀地区目前普遍开始转向追求低碳为主的生产生活方式，这就迫使北京市率先成为产业结构转型升级最终迈向低碳社会的"领头羊"。

为了向国际化的大都市看齐，把我们的首都建设成和谐宜居之都，北京市的整体产业规划追求的目标是高精尖的产业结构。这就要求北京市的低碳产业发展必须制定出统一的绿色低碳标准，以先进的绿色低碳技术和产品为引领，支撑起相关主导产业结构的转型升级，加快推动制造业高端化、集聚化、融合化、低碳化升级，尽量降低资源能源的消耗量，提高资源能源的有效利用率。通过政策扶持、财政补贴积极扶持节能环保类型的新兴产业，北京尽快培育出一批堪当重任的示范性环保企业，发挥榜样力量，号召更多环保企业一起发光发热，投入和谐宜居之都的建设。此外，北京市要注重构建"研究院＋产业联盟＋专利池＋技术授权交易平台＋基金"五位一体的科技创新发展链条，做强做大科技研发、总部运营、系统集成等高端业态，在太阳能、风能等清洁能源的研究开发上跟上发达国家的步伐，尤其不惜一切代价攻克能源互联网、太阳能电池等国际前沿的关键技术，最终构建出符合首都形象且独具特色的高精尖产业格局。

三、加快低碳产业技术的创新研发

中共十八届五中全会明确提出,"坚持创新发展,必须把创新摆在国家发展全局的核心位置,不断推进理论创新、制度创新、科技创新、文化创新等各方面创新,让创新贯穿党和国家一切工作,让创新在全社会蔚然成风"。当前,北京市科技创新已走在全国前列,仅中关村 2014 年新创办科技型企业就超过 1.3 万家,聚集了各类创新创业服务机构 800 余家,输出技术合同成交额占北京市的 72%、全国的 26.3%,已经初步形成了"大众创业、万众创新"的新局面。今后,北京要深入贯彻五中全会精神,主动适应和引领经济发展新常态,加快建设全国科技创新中心,打造引领全国、辐射周边的创新发展战略高地。尤其是在低碳产业的发展上,一方面,突出原始创新,重点支持生物制药、新能源汽车、新能源电池等一批环保型低碳产业领域的创新;另一方面,大力支持中关村、北京经济技术开发区等园区内进行的低碳产业的技术研发和创新改革,努力把它们打造为国家低碳产业发展创新的重要源头。

具体来说,北京市要想推动一批低碳产业的迅速崛起,首要的是积极推进科技投融资、科技成果转化、科技资源共享等服务体系建设,营造良好的创新环境。北京低碳协会可以建立节能低碳和循环经济领域新技术应用成果库,每年组织不少于十场的技术产品交流、供需对接和展览展示等活动;在低碳领域稍有建树的研发团队可以组织一对一的上门对接服务,针对不同行业的不同情况推广含有不同低碳技术含量的相关产品,为更多行业投入发展低碳产业寻找合适的路径;也可以通过制定发布绿色建筑适用技术推广目录,推广应用节能环保型建筑材料,有序扩大地热能、太阳能等可再生能源的应用规模等。总之,北京市作为中国的首都,有着得天独厚的人才技术资源优势,充斥着丰富的高校和科研机构资源,因此北京市完全有条件也有必要建立一支庞大的低碳技术研发创新团队,致力于解决北京市乃至全国低碳产业发展中遇到的技术难题,推动北京低碳产业迅速崛起,最终引领全国低碳产业克服技术瓶颈共同发展壮大。

四、加快培养市民的低碳意识

环境塑造人,环境也能改变人。低碳产业的发展不仅仅需要生产者一方面的努力，更多的是需要我们消费者，也就是我们作为普通公民应该尽的一份绵薄之力。毕竟，需求决定供给。然而，我们作为消费者，我们的消费意识是受我们生存的环境所影响的，一个处处充斥着低碳节能环保理念、高效无污染宣传氛围的生活环境，必然会促使更多的市民参与到低碳行动中，有助于我们打造出一个生态文明、和谐健康的"低碳社会"，自然而然，我们的低碳产业也势必会兴旺发达、经久不衰。

为了营造这样一个节能低碳环保的生活环境，北京市有关部门要各司其职、分工合作，加强在社会上"节能环保"的主题宣传，继续实施节能低碳环保理念进社区、进学校等"十进"活动，经常性地组织专家讲师团在中小学校、社区和产业园区开展"节能低碳"为主题的宣讲活动，制作有关"节能低碳从我做起"的宣传手册和公益短片，并不定时地向广大市民发放宣传。尤其要充分利用好最新崛起的新媒体企业资源，搭建节能低碳宣传平台，加大宣传力度和广度的同时，仍然要保证节能低碳在市民中的"热度"不减，使得节能低碳意识深入人心，市民口耳相传，提高市民在节能低碳行动中的参与感和责任感。此外，对于生产者的生产来说，北京市政府部门依然要严把绿色产品准入关，继续加大政策优惠力度，财政补贴支持推广绿色高效照明产品、低排放汽车、高效节能电机等节能低碳产品，组织实施家电以旧换新、节能产品补贴活动等；对于消费者的消费来说，我们要倡导绿色生活方式，北京市环保部门通过严格管理和提升垃圾处理和回收系统的工作效率，引导市民规范处理生活垃圾，以达到生活垃圾在总量上的减少，或者北京市交通部门通过调整北京市交通工具的使用价格来倡导市民绿色出行理念，鼓励市民选择步行、骑自行车和乘坐公共交通工具等绿色出行方式等。总之，北京市相关部门通力合作，通过引导生产者的生产方式以及消费者的消费方式向低碳方式转变，无形中实现了市民低碳意识的培养，促使整个社会都在潜移默化地走向"低碳社会"。

第六章

北京市低碳交通建设

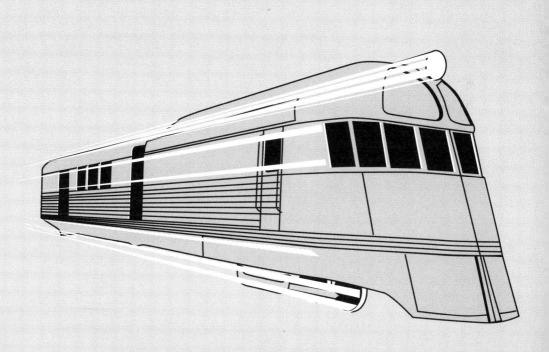

第一节　北京市交通碳排放与交通结构现状

一、北京市交通行业碳排放现状

（一）北京市交通行业的能耗情况

北京是我国的首都，经济社会发展水平位居全国前列，第三产业在地区生产总值的比重日益提高，目前已经超过80%，对交通运输和客运交通的需求日益丰富。交通行业的发展需要消耗各种能源，而能源的消耗又是引起碳排放量增加的直接原因。根据《北京统计年鉴》，可得交通行业相关的能耗数据，由于统计年鉴中，交通部门和仓储、邮政业是一起统计的，我们选取交通运输、仓储和邮政业的数据，得到2005~2015年交通运输、仓储和邮政业的能源消耗与北京市能源消耗总量之间的关系。如表6-1所示。

表6-1　2005~2015年北京市各行业能源消耗量

单位：万吨标准煤

年份	2005	2006	2007	2008	2009	2010	2011	2012	2013	2014	2015
交通运输、仓储和邮政业	563.4	717.6	840.8	993.9	1025.2	1104.8	1185.9	1235.1	1145.5	1204.2	1249.4
其他行业	4958.5	5186.5	5444.2	5333.2	5545.1	5849.3	5809.5	5942.6	5578.4	5627	5603.2
能耗总量	5521.9	5904.1	6285	6327.1	6570.3	6954.1	6995.4	7177.7	6723.9	6831.2	6852.6

从图6-1可以直观地看出，2005~2012年，北京市能源消耗总量一直在增加，2012年达到最大值7177.7万吨标准煤，之后有所回落，2013年以后保持缓慢增长，其他行业能耗在2012年达到最大值以后，2013年后呈现下

降的趋势。交通运输、仓储和邮政业的能源消耗量从 2005 年到 2012 年一直在增加，2013 年有所下降，但接下来又保持增加的趋势。

根据表 6-1 的数据，继续对北京市交通运输、仓储和邮政业的能耗占比情况进行分析，同时对比全国交通运输、仓储和邮政业的能耗占比情况，如表 6-2 所示。

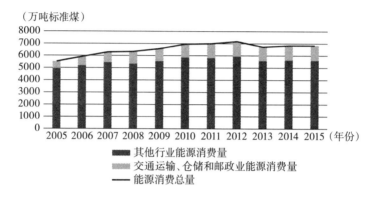

图 6-1　2005~2015 年北京市交通运输、仓储和邮政业与其他行业能源消耗量对比

表 6-2　交通运输、仓储和邮政业的能耗占比

单位：%

年份	2005	2006	2007	2008	2009	2010	2011	2012	2013	2014	2015
北京	10.2	12.2	13.4	15.7	15.6	15.9	17	17.2	17	17.6	18.2
全国	7.5	7.6	7.9	8	7.6	7.4	7.9	8	8.3	8.5	8.9

北京市交通运输、仓储和邮政业能源消耗所占比重从 2005 年的 10.2%，增加到 2012 年的 17.2%，在 2013 年有所降低，2014 年又回到 17.6%，2015 年为 18.2%，近十多年来占比有了明显的提高。该行业全国的比重水平虽然有所上升，但是幅度不大，2015 年全国交通运输、仓储和邮政业的能耗占比为 8.9%，远远低于北京市 18.2% 的水平。由此看来，在北京市大力推进节能减排，建设低碳城市的背景下，各行业的能源消费在量的控制和效率提升方面都取得了一定的进步，但是交通运输、仓储和邮政业的节能减排仍然任务艰巨，需要引起更多的重视。

（二）交通行业单位 GDP 能耗分析

通常采用区位商来判断一个产业是否构成该地区的专业化部门。区位商是指一个地区特定部门的产值在地区工业总产值中的比重与全国该部门产值在全国工业总产值中所占比重之间的比值。其计算公式为：

$$q_{ij} = (e_{ij}/e_i) / (E_j/E)$$

式中，q_{ij} 表示 i 地区 j 部门的区位商，e_{ij} 表示 i 地区 j 部门的产值，e_i 表示 i 地区的工业总产值，E_j 表示全国 j 部门的总产值，E 表示全国工业总产值。当 $q_{ij} > 1$ 时，可以认为 j 产业是 i 地区的专业化部门，q_{ij} 的值越大，专业化水平越高，当 $q_{ij} \leq 1$ 时，则认为 j 产业是 i 地区的自给性部门[1]。

根据《中国统计年鉴》和《北京统计年鉴》的相关数据，在此计算交通运输、仓储和邮政业的区位商，具体数据如表 6-3 所示。其中 e_{ij} 表示北京市交通运输、仓储和邮政业的产值，e_i 表示北京市生产总值，E_j/E 表示全国交通运输、仓储和邮政业在国内生产总值中的比重，据此求出交通运输、仓储和邮政业的区位商。

根据相关计算得出，近十多年来，北京市交通运输、仓储和邮政业的区位商值一直在 1.0 左右，产值比重接近于全国平均水平，但是行业能耗比重却比全国水平高很多。

表 6-3　北京市交通运输、仓储和邮政业区位商

年份	2005	2006	2007	2008	2009	2010	2011	2012	2013	2014	2015
e_{ij}（亿元）	403.3	455.2	497.4	498.9	556.6	712.0	809.0	816.3	871.8	948.1	983.9
e_i（亿元）	6969.5	8117.8	9846.8	11115.0	12153.0	14113.6	16251.9	17879.4	19800.8	21330.8	23014.6
e_{ij}/e_i（%）	5.79	5.61	5.05	4.49	4.58	5.04	4.98	4.57	4.40	4.44	4.28
E_j/E（%）	5.7	5.6	5.4	5.1	4.7	4.5	4.5	4.4	4.4	4.4	4.4
q_{ij}	1.02	1.00	0.94	0.88	0.97	1.12	1.11	1.04	1.00	1.01	0.97

单位 GDP 能耗是用来反映能源消费水平和节能降耗状况的主要指标，

---

[1]　孙久文，叶裕民.区域经济学教程［M］.北京：中国人民大学出版社，2010.

指在一定时期内一个国家（地区）每生产一个单位的国内（地区）生产总值所消耗的能源。该指标说明一个国家在经济活动中对能源的利用程度，可以反映经济结构和能源利用效率的变化。根据统计年鉴的数据，我们计算北京市交通运输、仓储和邮政业的万元 GDP 能耗，并与北京市整体水平和全国的情况进行对比，如表 6-4 所示。

表6-4 单位 GDP 能耗情况

单位：吨／万元

年份	2005	2006	2007	2008	2009	2010	2011	2012	2013	2014	2015
全国	1.40	1.36	1.29	1.21	1.16	0.87	0.86	0.82	0.79	0.75	0.72
北京市	0.792	0.727	0.638	0.569	0.541	0.493	0.430	0.401	0.340	0.320	0.298
北京交通运输、仓储和邮政业	1.397	1.576	1.690	1.992	1.842	1.552	1.466	1.513	1.314	1.270	1.270

根据《2016 年北京市能耗水耗公报》显示，2016 年北京经济平稳高效增长，节能降耗取得了显著成效，按 2015 年可比价格计算，2016 年万元GDP 能耗 0.2835 吨标准煤，同比下降 4.79%，为全国最低水平。通过表 6-4数据可发现，北京市万元 GDP 能耗远远低于全国平均水平，但是交通运输、仓储和邮政业的万元 GDP 能耗较高，同时该行业区位商并没有明显的优势，说明交通运输、仓储和邮政业不仅能源消耗量大，而且能源效率偏低。由于目前我国能源消费仍然是以化石能源为主，必然会产生二氧化碳的排放，北京市减少交通行业的碳排放刻不容缓。

（三）交通行业碳排放量测算

为了能够更直观地得出北京市交通行业的碳排放量，我们需要进行相应的测算。根据《北京统计年鉴》，结合交通运输、仓储和邮政业主要能源品种消费量，将每种燃料的碳排放系数和该燃料的使用量相乘，根据 IPCC 所提供测算碳排放的公式：$C=\sum_{i=1}^{n} E_i \cdot K_i$，式中：C 为碳排放总量，$E_i$ 为第 i种燃料的消耗量，K_i 为第 i 种燃料的二氧化碳排放系数。其中 K_i 数值来源于碳排放交易网的资料，如表 6-5 所示。

表 6-5　各种能源碳排放参考系数以及计算方法和公式

能源名称	平均低位发热量	折标准煤系数	单位热值含碳量（吨碳/TJ）	碳氧化率	二氧化碳排放系数
原煤	20908 kJ/kg	0.7143 kgce/kg	26.37	0.94	1.9003 kg-CO$_2$/kg
焦炭	28435 kJ/kg	0.9714 kgce/kg	29.5	0.93	2.8604 kg-CO$_2$/kg
原油	41816 kJ/kg	1.4286 kgce/kg	20.1	0.98	3.0202 kg-CO$_2$/kg
燃料油	41816 kJ/kg	1.4286 kgce/kg	21.1	0.98	3.1705 kg-CO$_2$/kg
汽油	43070 kJ/kg	1.4714 kgce/kg	18.9	0.98	2.9251 kg-CO$_2$/kg
煤油	43070 kJ/kg	1.4714 kgce/kg	19.5	0.98	3.0179 kg-CO$_2$/kg
柴油	42652 kJ/kg	1.4571 kgce/kg	20.2	0.98	3.0959 kg-CO$_2$/kg
液化石油气	50179 kJ/kg	1.7143 kgce/kg	17.2	0.98	3.1013 kg-CO$_2$/kg
炼厂干气	46055 kJ/kg	1.5714 kgce/kg	18.2	0.98	3.0119 kg-CO$_2$/kg
油田天然气	38931 kJ/m^3	1.3300 kgce/m^3	15.3	0.99	2.1622 kg-CO$_2$/m^3

注：①低（位）发热量等于 29307 千焦（kJ）的燃料，称为 1 千克标准煤（1 kgce）。②前两列来源于《综合能耗计算通则》（GB/T 2589~2008）。③后两列来源于《省级温室气体清单编制指南》（发改办气候〔2011〕1041 号）。④"二氧化碳排放系数"计算方法：以"原煤"为例，1.9003=20908×0.000000001×26.37×0.94×1000×3.66667。

根据《北京统计年鉴》，得到交通运输、仓储和邮政业的主要能源消费量，如表 6-6 所示。

表 6-6　2005~2015 年北京市交通运输、仓储和邮政业主要能源消费量

年份	煤炭（万吨）	汽油（万吨）	煤油（万吨）	柴油（万吨）	燃料油（万吨）	液化石油气（万吨）	天然气（亿立方米）
2005	22.89	48.46	189.04	56.55	—	0.72	3.51
2006	26.17	55.66	233.24	81.19	—	1.61	4.3
2007	27.29	52.57	276.55	102.66	—	0.64	4.66
2008	26.89	46.42	317.83	128.61	0.14	0.59	5.90
2009	25.15	43.68	341.45	128.76	0.13	0.55	6.47
2010	20.29	41.04	392.15	127.27	0.20	0.44	6.71
2011	18.00	44.99	419.35	133.88	0.15	0.34	2.38
2012	15.86	44.03	442.79	117.34	1.28	0.34	8.22

续表

年份	煤炭（万吨）	汽油（万吨）	煤油（万吨）	柴油（万吨）	燃料油（万吨）	液化石油气（万吨）	天然气（亿立方米）
2013	15.94	45.40	476.51	124.28	1.60	0.35	2.35
2014	16.09	46.45	507.07	126.56	1.88	0.32	3.17
2015	12.36	44.65	543.78	118	1.79	0.38	2.11

结合碳排放测算公式，得出 2005~2015 年北京市交通运输、仓储和邮政业的碳排放量，如表 6-7 所示。

表 6-7　2005~2015 年北京市交通运输、仓储和邮政业碳排放量

年份	碳排放量（万吨）
2005	1008.98
2006	1265.76
2007	1460.80
2008	1674.07
2009	1746.66
2010	1883.11
2011	1898.83
2012	2041.35
2013	2042.88
2014	2164.05
2015	2212.96

根据表 6-7，进一步得到 2005~2015 年交通运输、仓储和邮政业碳排放量趋势图，如图 6-2 所示。

从图 6-2 中可以看出，2005~2015 年北京市交通运输、仓储和邮政业的碳排放量一直保持增长的趋势，其中 2005~2010 年增速较快，近些年来有所放缓，但是交通运输、仓储和邮政业的碳排放总量一直在增加，不符合低碳城市和低碳交通的发展要求。

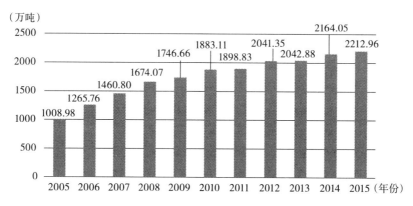

图 6-2 2005~2015 年北京市交通运输、仓储和邮政业碳排放量趋势

运用灰色系统模型，结合上文 2005~2015 年的数据，对未来几年交通运输、仓储和邮政业的碳排量进行预测。灰色预测是一种对含有不确定因素的系统进行预测的方法，通过鉴别系统因素之间发展趋势的相异程度，即进行关联分析，并对原始数据进行生成处理来寻找系统变动的规律，生成有较强规律性的数据序列，然后建立相应的微分方程模型，从而预测事物未来发展趋势的状况。其用等时距观测到的反映预测对象特征的一系列数量值构造灰色预测模型，预测未来某一时刻的特征量，或达到某一特征量的时间。

运用 GM（1，1）模型预测结果为，灰色绝对关联度为 0.9981665，即关联度为一级，预测精度为优，如表 6-8 所示。

GM（1，1）参数估计值：发展系数 −a=0.05171421，灰色作用量 u=1353.21。

x（1）的模拟值：｛1008.98，2451.343，3970.259，5569.791，7254.217，9028.045，10896.02，12863.13，14934.65，17116.11，19413.36，21832.53，24380.1，27062.88，29888.04，32863.15｝。

x（0）的模拟值：｛1008.98，1442.363，1518.916，1599.532，1684.427，1773.827，1867.973，1967.115，2071.519，2181.464，2297.245，2419.17，2547.567，2682.779，2825.167，2975.112｝。

绝对残差：｛0，−176.6029，−58.11589，74.53805，62.23331，109.2828，30.8574，74.23525，−28.63885，−17.41417，−84.28481｝。

相对残差：｛0，0.1395232，0.0397836，0.04452505，0.0356299，0.05803315，

0.01625074，0.03636576，0.01401886，0.008047028，0.03808691﹜。

残差平方和 =70628.08；平均相对误差 =4.302642%；相对精度 =95.69736%；后验差比值检验：C 值 =0.1341261；小残差概率：P 值 =1。

C<0.35，P>0.95，GM（1，1）预测精度等级为：好。

表6-8　北京市交通行业碳排放灰色预测结果

单位：万吨

年份	碳排放量	灰色预测值
2005	1008.98	1008.98
2006	1265.76	1442.363
2007	1460.80	1518.916
2008	1674.07	1599.532
2009	1746.66	1684.427
2010	1883.11	1773.827
2011	1898.83	1867.973
2012	2041.35	1967.115
2013	2042.88	2071.519
2014	2164.05	2181.464
2015	2212.96	2297.245
2016	—	2419.17
2017	—	2547.57
2018	—	2682.78
2019	—	2825.167
2020	—	2975.11

　　根据表6-8和图6-3的预测分析显示，未来几年北京市交通运输、仓储和邮政业的碳排放保持增加的态势，如不加快低碳发展战略的实施，仍然需要大量的能源消耗，带来更多的污染物排放，不利于节能减排目标的实现，是一种不可持续的发展模式。

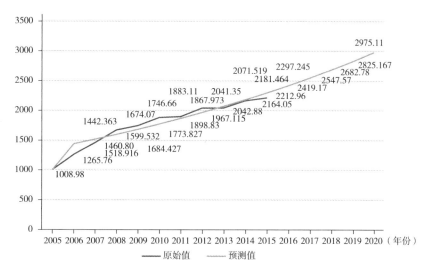

图 6-3　预测时序与原始时序对比

二、北京市客运交通的出行结构

（一）客运交通出行结构现状

城市客运交通包括公共交通和私人交通，对城市生产和经济活动起着日益重要的作用。改革开放以来，我国城市客运交通发展较快，但随着经济的发展和私家车数量的不断增加，城市交通拥堵问题日益突出，市民的出行成本增加，进而影响城市的健康运转。

北京市经济社会日益发展，城市规模不断扩大，进而影响居民交通出行方式不断变化。自中华人民共和国成立以来，北京市交通结构的发展大致经历了四个阶段：①非机动化出行为主的阶段（1949~1985年），市民出行以自行车为主，比例曾高达60%；②小汽车快速增长的阶段（1986~2000年），城市路网逐渐形成，机动车保有量迅速增长，小客车出行比例有了较大提升，上下班高峰已经出现了严重的交通拥堵；③公共交通出行和小汽车出行共同发展阶段（2001~2008年），为了筹办奥运会，北京市加快轨道交通的建设，私家车保有量进一步提高，公共交通和私家车出行比例基本持平，而自行车出行比例已经降至20.3%；④交通结构优化调整阶段（2009年至今），随着交通需求的持续增加，严重的交通拥堵和资源环境的束缚，要求北京走高效、绿色的交通发展之路，完善公共交通体系，尤其是加快轨道交通的建设，同时调控私家车的发展[①]。

根据北京交通发展研究中心编写的《北京市交通发展年报》，将交通出行方式进行了分类，包括私家车、出租车、公交车、轨道交通、自行车、步行和其他出行方式等。统计得出2005~2015年北京市交通出行总量（不包括步行），出行结构以及出行距离的详细情况，如表6-9所示（部分统计数据不完整）。

表6-9　2005~2015年北京市客运交通出行量与出行结构

年份	六环内日均出行总量（万人次）	公共汽（电）车		轨道交通		私家车		出租车		自行车		其他
		出行比例（%）	出行距离（千米）	交通比例（%）	出行距离（千米）	出行比例（%）	出行距离（千米）	出行比例（%）	出行距离（千米）	出行比例（%）	出行距离（千米）	出行比例（%）
2005	—	24.1	—	5.7	—	29.8	—	7.6	—	30.3	—	2.5
2006	—	24.4	—	5.8	—	31.6	—	8.1	—	27.7	—	2.4
2007	—	27.5	—	7	—	32.6	—	7.7	—	23	—	2.2
2008	—	28.8	—	8	—	33.6	—	7.4	—	20.3	—	1.9
2009	2746	28.9	7.27	10	14.84	34	10.78	7.1	—	18.1	2.95	1.9
2010	2904	28.2	9.6	11.5	16.3	34.2	9.3	6.6	7.1	16.4	3.2	3.1
2011	2873	28.2	10.3	13.8	16.5	33	11.4	6.9	9.5	15.1	3.6	3
2012	3033	27.2	—	16.8	—	32.6	—	6.6	—	13.9	—	2.9
2013	3099	25.4	9.1	20.6	15.2	32.7	11.3	6.5	9.4	12.1	4.9	2.7
2014	3146	28.6	9.8	19.4	17.8	31.5	13.1	6.2	8.6	12.6	3.1	1.7
2015	—	25	7.3	25	13.3	31.9	13.2	3.6	9.9	12.4	3.6	2.1

根据表6-9所示，2005~2015年北京市私家车出行一直保持较高的比重，大多数年份在30%以上，主要原因是北京市私家车保有量较高，也没有在出行成本方面对车辆的使用进行限制，这是引起道路拥堵并产生污染物排放的重要原因；轨道交通出行比例提升迅速，近期已达到25%，说明北京市

---

①　余柳，刘莹．北京市交通结构合理发展模式及策略研究［J］.城市交通，2013，11（6）：66-74.

重视并加快地铁交通的发展，成绩显著；尤其需要指出的是自行车出行比例持续下降明显，从 2005 年的 30% 左右，减少到 2015 年的 12.4%，自行车作为绿色出行的代表，在北京市交通出行的比重和地位大大降低了；由于数据不完善，通过收集 2009~2015 年的资料，可知交通出行总量一直保持在较高的水平，各交通方式出行距离总体上呈现增加的趋势，这说明随着经济的发展和城市规模的扩大，居民的出行需求在增加，出行的距离也越来越远，这些与北京的城市发展规划关系密切。

（二）不同交通方式碳排放量测算

关于北京市交通行业的碳排放量，前文采用了结合行业能源消耗和碳排放系数估算出了近十多年来的总量变动，但其无法直接地用来对交通结构进行分析，况且前文计算的是交通运输、仓储和邮政业的碳排放总量，不能直观地显示出交通碳排放量的影响因素。由于交通运输分为客运交通和货运交通，而货运交通碳排放量的大小主要受经济发展需求、大货车的燃料使用效率等方面的影响，并且货物运输经常是跨区域流动，很难通过北京市单方面去进行制度设计和安排。客运交通与居民的出行需求、出行结构和新能源技术的推广等有很大关联，下文就以北京市客运交通为研究对象，对其进行碳排放量测度。

由于相关统计年鉴并没有给出北京市各客运交通出行的能源消耗数据，本章考虑从终端入手，测算不同客运交通方式的碳排放量。考虑到机动车污染排放量与车辆行驶里程、能源使用及排放因子有关，而各出行方式的能源使用种类和总行驶里程无法直接统计，结合北京市六环以内不同出行方式的概况，在此选取与居民出行总量、出行结构及出行距离相关的低碳交通模型。此模型来源于 IPCC 的二氧化碳排放计算器，其主要计算方法是用出行距离乘以相应交通方式的二氧化碳排放指数 M。

低碳交通模型为：$C(i)=N \times S(i) \times T(i) \times M(i)$（i=1, 2, 3, …）

其中：$C(i)$ 表示第 i 种交通方式的碳排放量；N 为年居民出行总量（万次）；$S(i)$ 为第 i 种交通方式分担率（%）；$T(i)$ 为第 i 种交通方式人均出行距离（千米）；$M(i)$ 为第 i 种交通方式的情况下每人每千米的二氧化碳排放量（千克／千米·人）[1]。表6-10列出了不同交通方式的 M 值。

---

① 李云燕，羹瑛楠.北京市低碳交通发展现状、问题与对策研究内容［J］.中国发展，2014（8）：13-18.

根据北京市交通发展研究中心编写的《北京市交通发展年报》，由于 2009 年以前的统计数据不完整，下文主要对 2009~2015 年的交通碳排放量进行分析，其中 2009 年的出租车出行距离参照 2010 年的 7.1 千米；2012 年各交通出行方式的出行距离数据取 2011 年和 2013 年的平均值；2015 年交通发展年报显示，中心城日均出行总量下降的比例为 4.4%，假定六环内出行总量也比 2014 年下降 4.4%，即为 3007 万人次；由于自行车和步行基本不带来二氧化碳的排放，其他出行方式占比较少，故本章主要计算私家车、出租车、公交车和轨道交通的碳排放情况，并对其进行分析。

表 6-10　不同交通方式的 M 值

交通方式	公共汽（电）车	轨道交通	小汽车	出租车	自行车
二氧化碳排放量（千克/千米·人）	0.069	0.042	0.2	0.2	0

通过分析得出，2009~2014 年，北京市六环内客运交通的碳排放量持续增加（见表 6-11），2014 年碳排放量为 1458.75 万吨，是近年来最大值，随后在 2015 年有所回落，主要原因是 2015 年市区居民出行总量有所下降。图 6-4 和图 6-5 可以很直观地看出，公共汽（电）车和出租车的碳排放占比均

表 6-11　北京市客运交通出行碳排放

单位：万吨

年份	公共汽（电）车	轨道交通	小汽车	出租车	自行车	碳排放总量
2009	145.30	62.47	734.72	101.05	0	1043.54
2010	198.00	83.45	674.26	99.34	0	1055.05
2011	210.17	100.29	789.00	137.48	0	1236.93
2012	202.09	124.15	821.48	138.47	0	1286.19
2013	180.40	148.76	835.93	138.22	0	1303.31
2014	222.07	166.54	947.68	122.45	0	1458.75
2015	138.21	153.27	924.32	78.23	0	1294.03

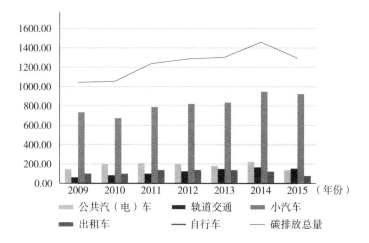

图6-4　2009~2015年各交通方式碳排放量

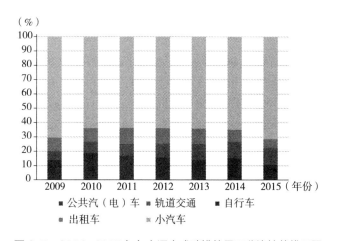

图6-5　2009~2015年各交通方式碳排放量百分比柱状堆积图

有所减少，而小汽车出行在碳排放总量中比重较大，其占比呈现增加的态势，具有很大的碳减排空间。近年来北京市大力鼓励公共交通的发展，轨道交通里程和出行比重不断增加，取得了显著的效果；私家车出行比例一直处于高位，同时小汽车的碳排放系数较高，小汽车出行的人均碳排放量大，如何降低私家车的能耗与碳排放是需要重点解决的问题；随着城市的发展，具备低碳或者说是零碳特点的自行车出行，比重越来越少，甚至很多人行道和自行车道被车辆占据，不利于构建"以人为本"的和谐社会。

三、北京市低碳交通发展存在的问题

随着城市的发展，北京在交通基础设施和运行管理方面的投入不断增加，重视公共交通的发展，通过一些制度措施和技术手段来促进交通的可持续发展，取得了一定的成效，但是由于交通需求总量的快速增加，出行目的日益丰富和多样化，城市交通形势依然严峻，仍有很多影响交通低碳化发展的问题需要解决。

（一）交通出行总量大

北京是一个拥有两千多万人口的超大城市，城市的发展由中心城逐步往外蔓延，中心城与周边区域经济发展水平不一，医疗教育公共服务水平差别较大，加上高房价等现实因素的影响，职住分离的现象较为严重，导致市民出行距离增加。随着生活质量的提升，居民追求高品质的休闲消费模式，从而使出行总量居于高位，交通出行压力巨大。

根据前文计算客运交通的碳排放的相关数据得知，2014 年北京市六环内日均出行总量为 3146 万人次（不含步行），中心城日均出行总量为 2854 万人次（不含步行），2015 年中心城日均出行总量下降 4.4%，公共汽（电）车和轨道交通的出行距离有所减短，小汽车出行距离大致不变，碳排放总量由 2014 年的 1458.75 万吨减少到 2015 年的 1293.03 万吨，降幅约为 11.3%，是近年来首次下降，可见出行总量和出行距离对交通碳排放的影响较大。根据 2016 年《北京市交通发展年报》的统计，2015 年居民出行入户调查得到的出行目的构成细化如图 6-6 所示，上下班和生活类出行需求占比较大，其中上下班占出行总量的比例为 46.69%，生活类占出行总量比例为 47.33%，且生活类出行较 2014 年增长 5.8 个百分点，可见随着市民生活水平的提高，出行需求也越来越丰富。

根据环境压力的 IPAT 方程，即 I=P×A×T，这里 I 指环境负荷，可以具体指污染排放量；P 指人口数量；A 指人均 GDP；T 指单位 GDP 的环境负荷。同样也可得出：二氧化碳排放量 = 人口 ×GDP/ 人口 × 能源 /GDP× 二氧化碳 / 能源。因此二氧化碳排放量的高低，和我们的人口数量、经济发展水平、能源利用效率和能源的清洁程度有直接的关系。同时假定汽车的排放标准更加严格了，但是由于好且便捷的公共交通不存在，消费者将更多地使用汽车出行怎么办^①？因此北京市交通行业的低碳发展，必须从源头做好需求管理，才能取得更加显著的效果。

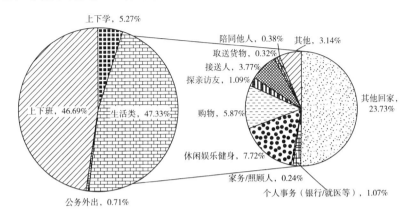

图6-6 北京市居民出行目的构成

资料来源：北京市交通发展研究中心。

（二）低碳交通结构有待完善

交通出行结构是指各种交通出行方式在出行总量中所占的比例，能够直观地反映交通需求的特点和不同交通方式的主要功能和地位。交通结构是否合理关系着交通资源的配置和城市交通系统的运行效率，对城市交通的健康发展和城市环境的改善具有至关重要的意义。结合上文资料，对2005~2015年北京市交通结构变化做出分析，如图6-7所示。

很直观地看出，近十多年以来，小汽车的出行一直保持较高的比例，大多数年份都在30%以上；在公共交通领域，公交汽（电）车出行占比在25%左右，轨道交通发展迅速，由2005年的5.7%提高到2015年的25%，对城市的发展和方便居民生活起到越来越重要的作用；自行车出行比重下降明显，由30.3%下降到了12.4%，曾经的"自行车王国"，被越来越多的车辆代替，慢行交通在北京市交通出行中的地位逐步下降；而出租车和其他出行方式，为城市交通起到辅助作用，其比例变化不大且比重不高，这里不做具体分析。从建设低碳交通的角度看,北京市交通出行结构存在以下问题：

---

① 诸大建.低碳的启蒙［M］.上海：同济大学出版社，2011.

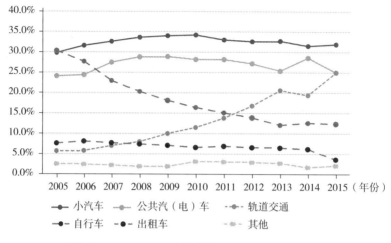

图 6-7 2005~2015 年北京市各交通出行方式比重

（1）小汽车出行比重较高。根据北京市交管局的数据，截至 2017 年 11
月，北京机动车保有量已达 590 万辆，并以每年十余万量的速度增长。虽
然市政府于 2011 年开始采用摇号的方式限制购车，机动车保有量增速有所
放缓，但是总量一直居于全国首位，如图 6-8 所示，对比同为一线城市的上海，
上海市比北京市人口多 240 余万，但汽车保有量比北京少 200 多万辆，较
高的汽车保有量给北京带来巨大的交通压力和二氧化碳排放。随着居民收
入水平的提高，城市规模扩大引起出行距离的增加，市民对私家车的需求
强劲，同时城市"以车为本"的道路规划，以及相对较低的购车门槛和车

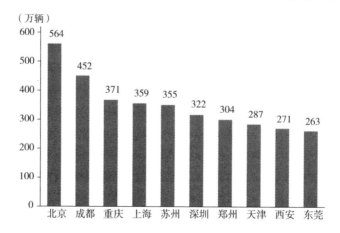

图 6-8 2017 年我国十大汽车保有量城市

辆使用成本，造成北京市私家车出行比重处于较高的水平，带来交通的严重拥堵和频发的雾霾天气。

（2）公共交通服务水平有待改善。近年来北京市公共交通的发展取得了很大的成就，2015年公共汽（电）车和轨道交通的出行比例已经达到50%，在城市客运交通系统中发挥重要的作用，但是我们也应看到，北京市人口总量和出行需求在增加，必然需要更为完善的公共交通体系。目前北京市公交车行驶速度慢，公交车专用车道尚未形成网络，部分车辆老旧以及等候时间长等问题，带来了较差的出行体验；而轨道交通虽准时便捷，但城区轨道交通线路网与国际大都市相比依然偏低，尤其是高峰时段车内拥挤现象十分严重，降低了公共交通的吸引力。

（3）慢行交通日益萎缩。进入汽车机动化时代以后，随着北京城市规模的扩大，出行距离不断增加，如今更多的道路被井喷的小汽车占领，慢行交通的地位逐渐下降，甚至在某种程度上被认为是贫穷、落后的象征。慢行交通的出行空间被挤占，出行环境日益恶化，很多自行车和人行道被车辆阻断，出行安全得不到保障，从而导致北京市自行车出行比例不断下降，从20世纪曾经高达50%以上的出行比例，2005年降到30.3%，到2017年仅占比12.4%，曾经被喻为"自行车王国"，如今在夹缝中生存。

（三）新能源交通发展不足

北京重视交通行业的节能减排,鼓励新能源交通工具的推广。但整体而言，新能源技术研发和配套服务设施的建设都是刚刚起步，仍然存在一些问题：

（1）新能源汽车技术和配套基础设施不足。首先，相对于燃油车而言，新能源汽车尤其是电动车价格较高，影响人们的购车决策，并且市面上电动车的续航里程大都在150~500千米之间，车辆行驶一年后，电池容量都会有不同程度的衰减，给自由出行带来较大困扰。现有的老式充电桩因电流较低，一般需充6~8小时，即使快充也需要0.5~2个小时才能充到电池容量的80%左右，加上北京市公共充电网络以及全国的充电桩布局还不完善，目前只适用于短途上下班，无法支撑较长路程的行驶。虽然充电桩数量不断增加，但是相对密度不够，市场需求仍然很大，现有的充电桩运营和服务跟不上，被占用、损坏或者根本不开放的情况经常发生，使用体验差。不同品牌车辆快充标准不统一，不利于提升充电站的使用效率和行业的规范发展。

（2）电动公交车比重不够高。公交车具有社会公益性，北京市在新能源公交车的推广使用方面理应走在前面，截至 2017 年底，北京市新能源、清洁能源车辆占比达到 68.3%，其中电驱动车占 31.8%，天然气车占 36.5%[①]。虽然天然气车辆相比燃油车效率更高、碳排放更低，但是纯电动更具有零排放、无污染、无噪声的优势，应当成为城市公共交通的首选。目前深圳市公交车已全部采用电动车，这也是全国乃至全球特大型城市中，首个实现公交全面纯电动化的城市；而广东省的广州市、佛山市也分别提出争取在 2019 年、2020 年，实现纯电动公交占比达 100%。相比而言，北京市的电动公交车比例偏低了。

（3）新能源汽车指标供不应求。根据北京市交通委发布的小客车指标总量和配置比例通告，2018 年小客车配置指标总量由 15 万个减少到 10 万个，这其中新能源的配置指标保持 6 万个不变，普通车辆指标由 9 万个减少至 4 万个。由于普通小客车摇号中签的概率越来越低，同时新能源车在北京市并不需要摇号，而是按照申请通过时间来有序分配，更多的市民选择转向申请新能源汽车。但是截至 2017 年 12 月，新能源小客车配置指标申请和确认延期的数量已超过 12 万个，而 2018 年新能源小客车个人指标共计 54000 个，这意味着目前正在等候的申请者已经"占有"了 2018 年、2019 年的配置指标，甚至还预支了 2020 年的一部分指标[②]。也就是说，由于车辆指标配额的限制，新能源汽车的推广不会很快，在机动车总量中占比依旧偏低，如表 6-12 所示。

表6-12 北京市新能源小客车指标情况

单位：万辆

年份	2013	2014	2015	2016	2017	2018
小客车指标年度配额	24	15	15	15	15	10
新能源小客车指标	0	2	3	6	6	6
年度机动车保有量	543.7	559.1	561.9	571.8	590	——

① 参见"今年年底北京新能源公交车占比将达 68.3%"，千龙网·中国首都网，2017 年 8 月 23 日。

② 参见"小客车指标申请情况温馨提示"，北京市小客车指标调控管理信息系统，2017 年 12 月 9 日。

第二节　北京市低碳交通制度发展与借鉴

一、北京市低碳交通制度的发展

加快推进节能减排，落实低碳发展，是生态文明建设的重要内容，也是实现经济转型升级的必由之路。近年来北京市加快低碳城市的建设步伐，制定了低碳发展的目标，也通过完善相应的发展规划、政策措施等制度建设，努力实现交通行业的低碳化发展。

（一）制定低碳发展目标

新的历史时期，北京市将紧紧围绕"节约能源消耗、应对气候变化、资源循环利用"的主题，坚持政府引导和全民参与相结合，宣传普及低碳与循环经济知识，推行绿色生产方式和生活消费模式，充分调动全社会参与节能低碳和循环发展的积极性、主动性，形成崇尚勤俭节约、绿色低碳的新风尚，加快建设国际一流的和谐宜居之都[①]。

在北京市制定的《国民经济和社会发展第十三个五年规划》中，明确提出要积极应对气候变化，有效控制二氧化碳等温室气体的排放，努力实现二氧化碳排放总量在 2020 年左右达到峰值。为此，需要进一步研究制定低碳发展中长期战略和路线图，同时建立健全碳排放总量控制和交易制度，通过提高低碳能源消费比重，大力发展低碳技术，控制工业、建筑、交通、农业、废弃物处置等领域碳排放水平。

（二）部署低碳交通发展规划

北京市低碳城市建设和低碳目标的实现，交通领域的低碳发展必不可

---

① 参见"北京市'十三五'时期节能低碳和循环经济全民行动计划"，北京市人民政府网，2016 年 8 月 18 日。

少，需要相关部门制定相应的发展规划，采取相关的制度措施，通过强有力的执行来实现交通领域的减碳化和低碳化发展。近年来，北京市一直坚持"可持续发展"的理念，重视经济发展的转型升级，科学应对各种社会问题，对减少城市交通拥堵、促进交通能源的节能减排方面，也做了科学的规划。

1. 打造低碳交通体系

在最新发布的《北京城市总体规划（2016~2035年）》中，提出坚持以人为本和可持续发展，将综合交通承载能力作为城市发展的约束条件。坚持公共交通优先发展战略，提升城市公共交通服务水平；加强交通需求管理，优化交通出行结构，提高交通网络运行效率；着力建设步行和自行车友好城市，预计到2020年绿色出行比例提高到75%以上，争取在2035年不低于80%。实现各种交通出行方式的和谐有序发展，构建安全、便捷、绿色、高效的综合交通体系。

2. 推进交通行业节能减排

北京市将加强对碳排放总量和强度的控制，强化交通领域的节能减排和需求管理，控制全市能源消费总量，并制定交通领域节能减排降碳相关标准。同时坚持对机动车实施总量控制，加快淘汰交通行业高排放老旧机动车，促进营运车辆向绿色化发展。持续优化调整行业车辆结构，鼓励发展新能源汽车，使新清能源公共汽车比重大大提升。

（三）实施相应政策措施

近年来，北京为了改善交通出行环境，落实低碳发展目标及规划，促进节能减排，采取了一些有利于交通行业低碳发展的措施。

1. 颁布相关法规条例

继国务院发布《大气污染防治行动计划》后，北京市颁布了《北京市2013~2017年清洁空气行动计划》和《北京市2013~2017年机动车排放污染控制工作方案》。按照要求，交通行业的发展，要坚持治理大气污染与治理交通拥堵相结合，以控制交通需求为切入点，加强工作统筹与综合施策，构建以集约化出行和清洁化车辆为特点的城市交通体系，促进空气质量显著改善和经济社会可持续发展。

2. 加大交通财政投入

北京市重视交通行业的稳健发展，根据《北京交通发展年报》，2015年全年完成交通行业固定资产投资1122.3亿元，同比增长27%。坚持公共交通优先发展，截至2016年底，北京公交拥有运营车辆29515辆，运营线路共计1020条，线路总长度19158.14千米，承担着北京地面公共交通客运的主体任务①；同时加快轨道交通建设，截至2017年12月，北京地铁运营线路达22条，运营里程为608千米，已成为市民出行的重要选择；继续做好新能源小客车财政补助资金发放工作，制定详细的财政支持政策，完善新能源车辆的配套服务。

3. 提升交通治理水平

为治理道路交通拥堵，减少车辆污染物排放，北京市坚持完善小汽车指标调控，很好地限制车辆的增长，同时也采取了支持新能源车辆推广的指标配额，有利于加快推进交通用能的改变；降低机动车的使用强度，继续实施限号出行等措施；综合治理停车秩序，完善差别化停车收费政策，加强停车信息化建设，并启动路侧停车电子收费试点，通过提升停车费用减少车辆的使用；深化智能交通建设，推动交通资源整合，开展信息数据共享，为市民提供科学、精准的交通信息服务。

二、先进低碳交通制度借鉴

发达国家的工业化和城市化进程相对较早，随着机动车进入城市交通体系，各种交通基础设施得到了不断的完善，但是也逐步面临道路供给不足、城市拥堵、二氧化碳排放量增多的困扰。为了保障交通运输体系的健康发展，许多国家和地区都在探索可持续的交通发展模式，积累了大量的经验和政策措施，具有重要的借鉴意义。

（一）国内外低碳交通制度经验

1. 制定可持续的交通战略规划

欧盟各国高度重视交通领域的可持续发展，通过制定总体规划对交通

---

① 参见"2016北京公交集团社会责任报告"，北京公交集团官网。

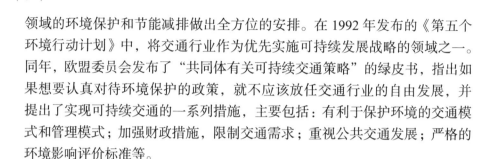

领域的环境保护和节能减排做出全方位的安排。在 1992 年发布的《第五个
环境行动计划》中，将交通行业作为优先实施可持续发展战略的领域之一。
同年，欧盟委员会发布了"共同体有关可持续交通策略"的绿皮书，指出如
果想要认真对待环境保护的政策，就不应该放任交通行业的自由发展，并
提出了实现可持续交通的一系列措施，主要包括：有利于保护环境的交通模
式和管理模式；加强财政措施，限制交通需求；重视公共交通发展；严格的
环境影响评价标准等。

欧洲理事会于 2007 年提出了能源和气候"一揽子"计划，在欧盟应对
气候变化和能源政策方面具有里程碑意义，其要求到 2020 年，实现温室
气体排放量在 1990 年的基础上减少 20%，可再生清洁能源的比例提高至
20%，化石能源的消费量减少 20%。在《2010~2020 年欧盟交通运输政策白
皮书》中，提倡推广新能源汽车，并提出 2050 年实现交通运输领域的温室
气体排放减少 60% 的目标[1]。

2. 节能减排的法律约束

美国通过政府引导、财政补贴等方法促进低碳技术的产业化，同时出台
相关的法律法规来发展低碳经济，对各个行业的节能减排明确了法律约束和
指标控制。在 1975 年通过了《能源政策与节约法》，建立针对小汽车的公
司平均燃油经济性标准，来提高交通工具的燃油效率[2]。目前美国小汽车保
有量较高，消耗了大量的能源并带来碳排放，进一步加快了相关法规的出
台速度。奥巴马政府在 2009 年签署了"美国复兴和再投资计划"，并出台《美
国复苏与再投资法案》，发展可再生能源是其重要组成部分，然后又相继公
布了汽车的节能减排计划，并提供大量的资金支持用于汽车制造产业升级，
减少其石油能源的使用和消耗，进而减少汽车行业的温室气体排放[3]。

3. 行政与经济手段调节制度

新加坡为了减少城市交通拥堵，抑制私人交通和汽车数量的增长，实

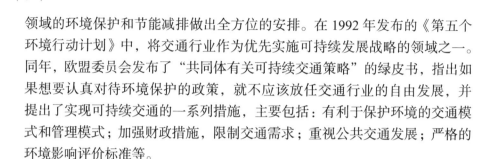

① 李姗姗. 发达国家发展低碳交通的政策法律措施及启示 [J]. 山西财经大学学报，2012，
34（1）：186-189.

② 张陶新. 绿色低碳交通 [M]. 北京：中国环境出版社，2016.

③ 徐岩. 美国：新能源成为经济复苏引擎——国外低碳经济政策与法规介绍（下）[J].
中国石油和化工，2010（8）：13-14.

施对车辆的定额分配。按照规定，市民必须首先向政府提出申请，投标购买一张有效期为十年的"拥车证"才能购车，十年期满后，无论是继续用车还是购买新车，驾车者都必须另付一笔费用。为了保证路网畅通，年度新增的车辆配额，会根据淘汰旧车的数量和出租车数量等因素进行调整。除了"拥车证"成交价高昂，新加坡买车还需要缴纳进口关税，以及注册费、保险费等相关费用，导致拥有一辆车的成本非常高，甚至超过了汽车本身的价值。

为了疏导车流量，新加坡还设计了电子道路收费系统，缓解高峰时段闹市区的道路拥堵状况。电子道路收费系统包括电子收费闸门、带现金卡的车载单元和中央控制系统，电子收费闸门遍布高速公路和主要干道上，当装有带现金卡车载单元的汽车经过时，车主可自动完成缴费。该系统并非"一刀切"，而是会根据不同的车型，在不同的日期、不同时段及不同的道路拥挤状况进行调整，保障区域道路的顺利畅通。相关数据显示，电子道路收费系统提高了用车成本，使新加坡市中心车流量减少了大约13%，高峰时段的平均车速也提高了20%[①]。

4. 公共交通创新发展制度

广州市通过建设中山大道BRT专用线，来解决"天河路—中山大道走廊"的交通压力。该路线采用"快速通道＋灵活路线"的系统模式，吸纳了封闭BRT和开放式系统的优点，提供了一条高标准的公交车专用道，通过地面公共交通快速化以及社会车辆的逐步隔离化，既可以保证原公共交通线网服务的范围基本不变，又极大地提高了BRT系统的运输效率。同时，该BRT系统定位于常规公共交通与轨道交通之间的快速公共交通网络，是世界上第一个实现将地铁车站通过地下通道直接整合的BRT系统，已经有多个BRT站台与地铁实现了无缝衔接，也是中国第一个整合了自行车停车设施和公共自行车的BRT系统。

该BRT专用通道内运行的车辆均使用LPG清洁环保燃料，车量都安装了GPS、乘客信息服务和车辆开启站台安全门的射频系统，智能、环保、高效。据相关统计，在广州BRT开通前一年，中山大道上的各线路公交车累计载客39683万人次，其排放的二氧化碳总量达143755.241吨，平均每名乘客

① 参见"新加坡电子道路收费系统有效缓解交通拥堵"，新华网，2015年12月10日。

续表

排放 0.362 千克；而在该快速公交系统开通后的第一年里，沿线 BRT 公交累计运载乘客 55390 万人次，共排放二氧化碳 137519.677 吨，平均每名乘客排放 0.248 千克。对比发现，在该 BRT 公交系统开通以后，中山大道的公交客流量有了大幅提升，而单位人次二氧化碳排放减少了 31.5%[①]。

（二）相关交通制度对比分析

前文我们提到"制度"是一个宽泛的概念，其目的是使各项工作按照要求达到预计的目标。目前世界各国都在研究降低交通行业碳排放的方式，相关实践表明，制定并实施有效的交通发展制度与对策是解决城市交通拥堵、实现低碳发展的关键。为此，不同的国家和地区结合自身的发展目标与特点，实施相应的制度措施，并取得了不错的效果。

表6-13　相关低碳交通制度与成效

	交通制度	目的	成效
美国	《能源政策与节约法》，"美国复兴和再投资计划"	通过立法促进节能减排，发展低碳经济	提高交通工具的燃油效率，推进了新能源交通的发展
欧盟	制定可持续交通战略规划，制定交通领域温室气体减排目标	应对气候变化、保护环境，促进交通行业可持续发展	完善了公共交通的发展，各成员国正积极创建低碳城市
哥本哈根	交通带动城市发展的"手指规划"，大力发展慢行交通的制度	科学设计城市未来发展规划，建设世界上第一个零碳排放城市	被授予"自行车城"的称号，多次被评为全球最适合居住的城市
新加坡	行政和经济调节制度："拥车证"和"电子道路收费系统"	抑制私人交通和汽车的增长，缓解市区道路拥堵	市中心车流量减少了大约13%，高峰时段的平均车速提高了20%
东京	坚持公共交通为主导的城市发展思路，经济手段限制私家车使用	建设低碳城市，治堵与减排一举两得	建成四通八达的公共交通网络，轨道交通出行比例高达86%

---

① 张陶新.绿色低碳交通［M］.北京：中国环境出版社，2016.

	交通制度	目的	成效
香港	紧凑型的城市规划，针对私家车征收高额的首期登记税、牌照费、燃油税和停车费	节约利用土地，限制私家车的使用，保持城市交通的顺畅	高效的公共交通系统，较低的私家车保有量和出行比例
广州	规划并建立高效环保的快速公交系统	缓解交通压力，改善公共交通出行体验	系统运力大幅提升，人均碳排放减少了31.5%
北京	坚持公共交通优先发展战略，"摇号购车"和"限号出行"，落实新能源车补贴政策	打造低碳交通体系，提升交通治理水平，促进行业节能减排，实现低碳发展目标	综合交通体系成效显著，抑制了机动车的过快增长，新能源车辆逐步推广

　　综合不同国家和地区的主要低碳交通制度和措施，如表6-13所示，不难发现，面对低碳城市建设的目标和解决交通出行的压力，需要制定交通行业的低碳发展目标，并完善相关的法律法规与规章准则予以保障；紧凑型的城市发展规划，以及公共交通为主导的交通发展思路，应当放在更加突出的地位，据此结合相应的行政手段，限制高污染、高能耗的私家车发展，辅助以经济手段调节，更加科学有效地建设低碳交通。

　　从低碳交通发展的目标和规划来看，相对于欧盟提出到2050年实现交通运输领域的温室气体排放减少60%的目标，北京市虽然确定了二氧化碳排放峰值的总体目标，但没有提出交通行业的碳排放峰值目标及年限，不利于对行业发展形成必要的约束，只是提倡发展绿色交通、促进行业节能减排，交通部门碳减排的具体效果如何，进展速度快慢，缺乏具体的衡量标准。

　　在城市发展模式上，香港紧凑型城市建设、哥本哈根的"手指规划"以及日本公共交通为主导的城市发展思路，符合"以人为本"的发展理念，通过完善的公共交通系统，鼓励慢行交通的发展，从而使绿色交通的比重大大提高，符合可持续发展的理念。北京近年城市规模不断扩张，道路的修建速度赶不上私家车的增长速度，轨道交通的建设也滞后于城市的拓展，已经出现了严重的交通拥堵，交通秩序有待改善。

　　具体的交通制度与政策方面，新加坡的"拥车证"利用指标配额的方式限制了私家车的使用，类似于北京的"摇号购车"，但是"拥车证"需要投标高价购买，并且有效使用期只有十年。同时，新加坡、中国香港、东京都对车辆征收高额的燃油税和停车费，大幅提高车辆使用成本，通过经济手段来调节私人交通的发展，而北京市的车辆使用成本相对较低，汽车保有量又如此之大，面对严峻的交通拥堵和污染物排放，如不能尽快制定对应的低碳交通发展制度，私人交通的碳减排前景堪忧。

关于进一步推进交通行业节能减排，大力发展新能源交通是关键。美国的私家车保有量极高，城市交通主要是以私家车出行为主，消耗了大量的能源，是一种不可持续的模式。但是在 2008 年金融危机以后，美国政府出台了"美国复兴和再投资计划"，明确提出要大力发展可再生能源，颁布汽车的节能减排计划，使新能源产业成为引导美国走向复苏的引擎，可见新能源产业的发展，将会是未来各国竞争与合作重点。参照广州市的快速公交系统，实现公共交通的优先发展和低碳化发展，对北京具有很强的借鉴价值，实现交通用能的低碳化转变，是未来北京低碳交通建设的重点。

总之，目前北京市的交通发展，没有真正贯彻可持续发展的理念，也没有建立完备的制度保障措施，低碳之路任重而道远。

三、北京市低碳交通发展的制度需求

（一）北京市低碳交通前景模拟

2015 年北京市常住人口 2171 万人，城六区常住人口为 1276.3 万人，根据未来北京城市总体规划的目标，到 2020 年北京市常住人口规模控制在 2300 万人以内，2020 年以后长期稳定在这一水平；城六区常住人口在 2014 年基础上每年降低 2~3 个百分点，争取 2020 年下降 15 个百分点左右，控制在 1085 万人左右，到 2035 年控制在 1085 万人以内。在北京市疏解非首都功能，以及加快北京通州城市副中心和雄安新区建设的大背景下，势必对北京市人口、产业等经济活动产生重要影响。

根据低碳交通的内涵，我们设想未来不久，北京建立了完善的城市低碳交通体系，包括多中心的空间布局、自觉低碳出行的交通主体、公共交通为主导的交通系统、先进的低碳交通技术和科学的交通管理等方面。做到交通需求最低、交通拥堵最少、交通工具碳排放最低、慢行交通占比高等指标，实现真正意义上的低碳交通。

假定在 2030 年，北京市交通出行总量有了明显的减少，六环内日均出行总量相比 2015 年减少 20%，为 2405.6 万人次（不含步行），六环内年出行总量为 878044 万次；科学的城市规划和布局，使各交通方式出行距离比

2015 年减少 20%，公共汽（电）车为 5.84 公里，轨道交通为 10.64 公里，小汽车为 10.56 公里，出租车为 7.92 公里，但自行车出行距离增加一倍，变为 7.2 公里；同时整体上实现了绿色出行，各交通方式的出行比例如下：公共交通出行比例为 60%，其中公共汽（电）车出行比例为 30%，轨道交通为 30%，私家车比例降至 10%，自行车比例为 25%，出租车比例为 3%，其他方式比例为 2%。

电动汽车和公交车的快速推广，假设 2030 年电动公交车使用比例为 100%，同时，电动小汽车的比重为 25%，出租车全部为电动车，随着全国非化石能源发电比例的提高，并根据国家能源发展规划制定的目标，预计 2030 非化石能源使用占比将达到 20%，则各类电动车交通出行工具的 M 值将减少 20%，将以上数据结合前面的公式可得表 6-14（其他出行方式暂不考虑）。

表 6-14　低碳情景下各交通出行方式二氧化碳排放量

交通方式	电动公交车	轨道交通	小汽车	电动小汽车	出租车	自行车
N × S（i）	263413.2	263413.2	65853.3	21951.1	26341.3	219511
TD（i）	5.84	10.64	10.56	10.56	7.92	7.2
M（i）	0.0552	0.0336	0.2	0.16	0.16	0
二氧化碳年排放量 /（万吨）	84.916	94.171	139.082	37.089	33.38	0

根据上述前景预测，2030 年北京市客运交通碳排放总量为 388.638 万吨，相比 2015 年的 1294.03 万吨，实现了较大意义的碳减排。因此，要想实现真正的低碳交通，还需各方面共同努力。

（二）低碳交通的制度需求

低碳交通不仅仅是一种交通发展方式，也是一种关乎未来的生活模式。传统的交通发展方式，带来的是拥堵嘈杂的道路交通，冷漠的车轮机器，以及污浊的空气质量。树立"以人为本"的交通发展理念，具体在城市建设和交通规划时，不仅仅只是为了满足经济发展，而应该更多地考虑市民的切实需求，培养井然有序的出行方式，打造绿色开放的生活空间，促进包容和谐的社会关系。

制度是一个需要大家共同遵守的行为规范，通过规范各个主体的行为，保障社会与经济的有效运转，从而达成最终的目标。北京是一个拥有 2000

多万人的国际化大都市，为了实现"十三五"发展规划的目标，加快治理交通拥堵，不断提高绿色低碳循环发展水平，建立健全碳排放总量控制和分解落实机制，需要相关部门有针对性地实施制度保障措施，需要全民的积极参与。因此低碳交通制度的发展与完善，既是提升城市交通治理水平的关键，又符合绿色创新的城市发展理念。

同时也应看到，北京在绿色低碳交通体系构建方面仍存在一些突出问题：城市空间布局不合理，中心城资源过度集中以及新城配套设施不足等，导致交通出行需求大，中心城拥堵问题严重；交通服务品质有待提升，公共交通和慢行交通发展不完善、出行环境体验差等问题仍然突出；科学的交通治理体系尚未完全建立，智能精细化管理仍待提高。由于交通行业的发展和完善与我们的生活息息相关，如果没有完善的制度保障，将严重影响经济社会的健康运转。未来低碳城市的建设，交通行业的节能减排，必须制定明确的发展目标；交通拥堵问题以及行业带来的污染物排放，给社会带来了大量的负外部性，需要政府通过一些行政手段和经济手段进行调节。

结合前文的测算与分析，影响城市交通二氧化碳排放的主要因素有：交通出行总量、出行结构、人均出行距离和碳排放系数。考虑从以下三个方面做好制度设计：第一，科学合理的城市交通规划，借鉴国内外先进的经验，从减少出行需求方面做好制度安排；第二，改善居民出行方式，大力发展公共交通，培养低碳交通理念，倡导绿色出行；第三，交通需求较少了，交通方式也更加合理了，进一步优化交通用能，通过加大对低碳技术的财政资金支持，鼓励新能源交通工具和新能源电力的推广普及，实现真正意义上的低碳交通。

第三节　北京实现低碳交通的制度建设路径

目前北京市交通行业碳排放总量大，交通运输又是城市健康运转的重要环节，社会发展需要完善的交通网络，也需要绿色宜居的生活环境。结合前文影响城市交通二氧化碳排放的主要因素以及北京城市发展的现实需求，下阶段应科学有序地开展低碳交通的制度建设，确保低碳发展目标的实现。

一、减少交通需求的制度框架

国内外城市交通发展的历史经验表明，新建和扩张道路，即通过增加道路供给的方式可以在一定程度上缓解短期交通需求压力，特别是机动车的出行需求。但是随着道路供给的增加又会引起新的交通出行需求，导致交通环境进一步恶化，形成"道路供给—需求增加—出行环境恶化—继续增加供给—需求继续增加—环境再恶化"的恶性循环，永远无法通过修建足够的道路来追赶交通需求的增长速度。城市土地和空间是有限的，解决城市交通问题，实现低碳化发展，应当由单纯增加道路供给的理念，转变为从源头对交通需求进行必要的控制和管理。

（一）实施"职住平衡"的城市发展制度

"职住平衡"是指在某一区域范围内，居民中劳动者的数量和就业岗位的数量大致相等，即职工与住户的数量整体上保持平衡状态，大多数居民实现就近工作；交通出行主要通过步行、自行车或者其他公共交通工具，机动车的使用频率低，出行距离和时间也比较短，从而减少交通拥堵和空气污染[1]。因此，协调好居住、就业和公共交通的关系，促进职住平衡的城市规划，将有效减少市民的出行需求，对低碳交通的建设意义重大，同时也是解决大城市病、提升居民生活品质的关键。

1. 坚持"多规合一"的城市规划

北京市一直以"摊大饼"的方式向外蔓延，城市人口不断增加，而主要的工作岗位、商业中心以及教育医疗服务大都集中在中心城区，再加上日益高涨的房价等因素的影响，北京市周边区域大都变为了"睡城"，居民的交通出行需求巨大，给交通行业的健康发展带来了严峻的挑战。北京市应当坚持经济社会发展规划、城市空间规划、土地利用规划、交通发展和生态规划等方面的"多

---

① 孟晓晨，吴静，沈凡卜.职住平衡的研究回顾及观点综述［J］.城市发展研究，2009（8）：23-28.

规合一"，以科学的理念制定总体的规划，实施集约的城市发展模式。

下一阶段，在开展城市空间规划和土地供给时，应当考虑促进产业用地的集聚，完善配套基础设施，同时适当地搬迁一部分大学和科研机构，实现"产学研"的合作与协调；落实"职住平衡"的发展理念，增加就业中心周边居住用地的开发密度，完善住房租赁市场，企业和相关部门应协助解决职工的住房需求，做到集中部署，就近解决；在交通建设方面，可参考哥本哈根的"手指规划"，坚持由公共交通带动产业区的发展，充分利用轨道交通快捷、准时的优点，作为该区域连接城市中心和其他地区的快速交通设施，并在轨道交通周边提供充足的居住用地和生活服务设施，满足居民的日常需求。

根据新时期首都的功能定位，北京在编制空间和城市各项规划时还要多多听取群众的意见，尊重并汲取专家的意见，最后要通过立法形式确定下来，使其具有法律权威性。与此同时，规划不仅要具备科学性，规划的实施也要具备可持续性，全面贯彻执行，使之公之于众，并由民众对其监督。

2. 缩小区域公共服务差距

在职住均衡关系中，加强城市外围基础设施的建设，大力提升医疗、教育、文化、艺术等公共事业水平，提供完善的商业购物、休闲娱乐、户外运动等生活服务，建设环境优美、服务完备、交通便捷的生活与工作区，既是实现职住均衡的微观影响因素，也是减少居民出行总量、缩短日常出行距离的有效途径。

北京市需逐步调整公共服务设施的空间布局，改变其过度集中于中心城的现状，使公共服务能够与产业和居住的郊区化相协调，从而有利于居民更好地权衡工作机会和生活成本，同时兼顾集聚经济效率，并降低职住分离的程度。改变中心城尤其是部分区域教育资源过分集中的现状，落实好医疗机构往周边区域的搬迁工作，努力实现公共服务更加均等化。

将完善的公共服务制度作为新区设立的前提，要求新区的规划与建设，应当具有前瞻性，通过提供更加优质的公共服务，做到"人无我有，人有我优"，吸引更多的人才前去工作与生活。比如加大财政补贴力度，引进优秀教师，办好中小学及学前教育；完善配套商业服务，通过智能化的管理方式，打造和谐开放的新型社区；改善区域生态环境，提供更多绿色空间，营造和谐宜居的生活环境等。

3. 推行"电子通勤"和"远程办公"模式

随着网络科技和电子通信技术的快速发展，替代出行的技术可行性正在逐渐提高，如在家办公、异地办公等远程办公模式，以及视频会议、远程教学、远程监控的可操作性也越来越完善，把部分实际通勤转化为电子通勤，将交通需求虚拟化，不仅能够节省大量的出行时间和出行成本，也可以缓解城市道路交通的压力，减少空气污染和二氧化碳排放。

北京市经济发展水平高，电子信息及通信技术等相关行业发展较好，在国家大力支持"互联网+"的时代背景下，应加快完善相关制度规范，鼓励部分行业和企业，率先推行在家里远程办公的模式。在不影响工作效率和工作进度的情况下，允许员工选择在家里完成相关工作任务，一方面节约了企业的办公成本，另一方面节省了员工的时间，这种模式不仅能减少对交通出行的需求，而且减少了对能源的消耗，符合未来社会的发展趋势。

（二）鼓励共乘出行的交通制度

设立多乘员车辆专用道，即鼓励共乘的"HOV"车道，其全称是 High Occupancy Vehicle（HOV）lane。该车道的车辆行驶速度更快，并且拥有较高等级的路权，有利于鼓励人们共乘出行，减少单人驾驶，具有优化资源配置、缓解道路交通压力、节约社会成本并减少碳排放等优点。按照规定，"HOV"车道不能司机一个人上路，机动车内必须有司机在内的两名或以上的乘客才可行驶在共乘车道上，否则可对车主进行相应额度的罚款，并将其失信行为纳入征信系统，交警部门可依托高清监控设备进行抓拍，并通过巡逻和人工定点等方式查处违章行为。

北京市应该创新道路交通发展理念，将道路资源分配从通过更多的车向通过更多的人转变，通过建立更多的共乘车道，减少空载车辆对道路资源的浪费，降低人们的购车意愿。进一步鼓励"拼车合乘"的模式，政府可搭建汽车共乘平台，通过网络系统协助市民拼车出行，对于如何分摊油费、车辆损耗费等由拼车人协商解决，平台通过相关法律法规，来保障双方的利益。共乘出行不仅节约了成本，也有助于增进邻里关系，构建和谐社会。

二、交通结构低碳化制度建设

交通行业的低碳发展，需要具备高效节约的交通结构，提升绿色交通的比重，限制高能耗、高排放的交通出行比例。综合借鉴国内外城市的低碳发展经验，都十分注重公共交通的优先发展，完善慢行交通体系，对小汽车的出行实施严格的限制措施。结合北京市的现实状况和存在的不足，加快交通结构低碳化制度建设，是进一步推进低碳交通发展的重要环节。

（一）城市公共交通优先发展制度

公共交通具备运量大、费用低、能耗少等优点，是关乎城市生活的重要公共物品。根据前文分析，我们得知北京市公共汽（电）车和轨道交通的出行比重之和已达到50%，因为其低碳环保的优点，理应得到更加充分的发展。但是公共交通的发展完善涉及城市交通体系规划，车辆运行和轨道交通建设等前期投入成本巨大，北京市政府应做好科学的目标规划，采取先进的经营理念，保障城市公共交通的优先发展。

1. 做好公共交通发展的规划编制

相对于其他国际化大都市而言，北京市小汽车出行比例较高，面对严峻的交通拥堵问题，公共交通的发展必须被放到更加突出的位置，主要包括：编制公共交通优先发展的法律规范、完善公共交通为主导的基础设施建设、城市公交车的路权保障等。可借鉴城市交通发展的"TOD"模式，即建立公共交通主导的城市发展模式，充分发挥轨道交通的优点，规划更多的公交车专用道，BRT快速线路，尝试设立"HOV"车道，保障公共交通的道路优先权，实现无论是时间成本还是经济成本上，公共交通均优于小汽车出行，保证大部分市民都能够且愿意选择绿色出行。在"多规合一"原则的指导下，制定公共交通发展的总体目标，优化交通发展模式与土地利用的关系，协调好各个部门之间的工作，通过详细的规划编制和法律法规，确保各项内容的实施，坚持一张蓝图绘到底。

2. 完善公共交通发展的财政支持

提高财政支持力度，改善公共交通配套基础设施，加快老旧公交车辆的替换更新，改善车辆内部环境，进而提升公共车辆乘车体验；支持轨道交通建设，对轨道交通票价进行合理补贴，可根据乘坐次数适当地打折，吸引更多的市民乘坐；相关部门应做好公交网络与其他公共设施的良好衔接，并在公交车站和地铁站附近建设停车场、存车处等多种配套设施，切实解决社区居民"最后一公里"的出行需求；建立公交车辆信息电子站牌，完善出行信息服务系统，从而满足市民对出行时间的要求，提升公共交通运营的科学性与规范性。

（二）完善慢行交通系统发展的制度

慢行交通是城市交通系统的重要组成部分，以自行车和步行为主的慢行交通系统具有零排放的优点，相对慢节奏的生活和消费方式，有利于缓解社会压力，有益于身心健康。随着社会的发展，慢行交通在城市发展中的作用，不仅仅是一种绿色、环保的出行方式，更是一种积极向上的生活态度，因此建立完善的慢行交通系统，是改善城市环境、建设宜居城市的前提条件。

1. 保障慢行交通路权的制度

通过制定慢行交通系统规划，出台相应的城市慢行交通规章条例，建立目标责任和制度约束机制。比如道路的建设必须设置步行道和自行车道，同时机动车道、自行车道和人行道依次分开，保证相对独立，互不干扰。各级道路应当尊重并保障自行车的路权，有条件的路段才准许设置路侧停车位，增加机非隔离护栏，人行步道护栏和自行车地面标识，重点查处自行车道乱停车、占道行车等行为，加大监管和电子监控执法力度，保障非机动车道的安全与畅通。推进"自行车高速公路"的建设工作，在道路环境、出行安全上面做好规划，完善配套服务设施，形成示范并逐步推广，使之成为引领城市低碳出行的新风尚。

2. 规范对"共享单车"的管理

"共享单车"给我们生活带来的便利，对城市慢行交通的完善发展起到积极的作用，应给予支持和鼓励。北京市政府应该坚持全局统筹，做好规划与监管，出台相应的指导意见，促使政府、企业、社会及承租人共同参与，保障共享自行车的规范发展，维护良好城市环境和交通秩序。同时针对乱停乱放、管理缺失等问题，应加强监管与治理，也需要政府、企业、社会各方面的共同努力。政府部门应合理分配路权，完善行业制度与立法；运营企业要不断完善管理体系，建立诚信用车的奖励机制和不当用车、无序停车的惩罚机制；市民要遵守用车和停车规范，养成文明出行的好习惯。

（三）减少小汽车使用的制度

北京市机动车保有量高居全国第一，政府已经出台了"摇号购车"和"尾号限行"等措施，但是由于机动车总量基数大，私家车出行比例高，依然没能有效缓解市区的交通压力，道路行车速度慢，带来了较多的二氧化碳排放。由于城市道路的供给速度跟不上私人交通工具日益增长的交通需求，自然出现私人交通效益边际递减的现象，结合其他城市经验，北京市可采取经济手段限制机动车的使用，降低私家车出行比例。

1. 试点实施征收拥堵费制度

北京市之前的交通政策，大多以行政手段为主，而从经济学上讲，向道路使用者征收费用，即让拥堵费成为选择出行方式、出行线路的成本因素，通过价格杠杆的作用促使人们做出最优决策。北京市现阶段可尝试在四环内部分区域和路段，按照行驶里程征收"拥堵税"，收费价格可按照实时的拥挤程度来确定，借鉴新加坡的实践经验，实现电子化自动收费，保证区域内交通顺利运行。

2. 提高市区停车收费标准

北京市五环以内停车收费标准约为 5~10 元每小时，而伦敦日均停车费高达 42 英镑（约合 380 元人民币），东京市区路边的车位只限停一小时，如果超时车主将会收到一张 1.5 万日元的罚单，高昂的停车费使有车居民大都选择乘坐公共交通工具上下班，只有周末或节假日全家出游才开车，大大减少了私人小汽车带来的环境污染。因此北京的停车费价格偏低，对居民出行影响不大，相关部门应调整现有停车收费标准，将中心城区的停车费提高到 10~30 元每小时；进一步出台相应制度措施，要求各大政府机关、企事业单位，不再提供免费的"内部车位"，都应按规定收取相应的停车费用。

3. "摇号购车"改为"摇号"和"竞拍"相结合

"摇号购车"的政策很好地限制了机动车的增长，对缓解交通压力，引导低碳出行起到了重要作用。为促进交通行业的有序发展，可借鉴天津和深圳市实施无偿摇号与有偿竞价相结合的限牌措施，即保障购车人合理的摇号权利，同时也能通过部分竞拍的车牌，带来相应收入，将其用于支持公共交通的建设与发展，服务更多的群体，兼顾了效率与公平。以北京市2017年小客车指标配额15万元为例，如果其中7.5万个指标采用拍卖的形式，假设指标平均竞拍价格为5万元，那么当年可获得37.5亿元的收入，如将其用于支持公共交通的发展，是一件惠及民生的大事，应当尝试推行。

三、交通用能低碳化制度建设

根据前文分析可知，不同交通出行方式的能耗及碳排放系数对排放总量影响较大，因而加快技术进步，推广使用新能源是未来低碳城市建设的工作重点。伴随着国家非化石能源比重的不断提升，北京将积极实施绿色电力进京和绿色能源行动计划，推进城市交通用能的低碳化发展，这将直接减少交通行业碳排量，是未来的发展趋势。

（一）交通用能转变的制度保障

目前北京市已经制定了关于未来城市低碳发展的目标，对各行各业的节能减排提出了更高的要求，交通行业作为城市发展的重要支撑，其能源消耗多，碳减排空间大。前文已提出通过减少交通需求、改善出行结构等方式来促进低碳交通的发展，要想进一步建设真正的低碳城市，必须促使交通用能的低碳化转变。

1. 制定交通用能低碳化发展的目标规划

根据北京市二氧化碳排放的总体目标，结合交通行业用能现状，相关部门需尽快制定规划方案，争取尽早实现交通行业的碳排放量峰值目标及年限，并制定峰值后的碳减排远期目标；同时，出台对应的《交通用能结构发展计划》，逐步提升清洁能源和非化石能源的比例，实现交通能耗更少，交通用能更环保；针对现有机动车的能源消耗问题，制定更加严格的排放标准，进一步提高北京地区的燃油标准，加快老旧车辆的淘汰。

2. 提高车辆燃油税征收标准

正因为机动车在行驶过程中消耗了能源，并产生污染物排放，带来了负的外部性，所以对车辆征收燃油税，是通过税收手段调节车辆使用的重要措施，通过环境污染排放的外部性内部化，促进市民减少燃油车的使用，考虑转向使用新能源等更加经济环保的出行方式。北京市机动车总量大，出行比例高，而油品价格相对于欧洲、香港等地偏低，对车量出行影响小。目前北京市已经采取了"京六"燃油标准，可在此基础上增加征收燃油税，出台关于加收燃油税的法规条例，并做好监管，将征收的税金用于支持公共交通和新能源交通的发展。

3. 新能源交通技术的扶持制度

新能源交通是未来的发展方向，随着可再生能源比例不断提高，绿色电力将有效推动各行各业的低碳化发展。但是新能源交通技术目前还不成熟，尤其是新能源车辆价格相对偏高，而电动车辆电池持久性还不能满足远距离的出行需求，加上车辆充电耗时长等问题，不利于新能源车辆的快速推广。同时，新能源产业是未来全球发展的战略重点，需要重视相关的技术研发与创新，北京市政府应制定新能源汽车发展规划和配套机制，加大对相关技术研究的财政支持，强化对知识产权的保护，培育出全球领先的新能源汽车品牌，使新能源交通工具不仅经济上更节约，而且使用起来也更加便捷。

（二）促进新能源车辆推广的政策

目前北京市机动车绝大多数是燃油车，而全球汽车产业正在加速向智能化和电动化转变，为了能够把握时代发展的趋势和机遇，我国已启动传统燃油车辆停产停售时间表的研究。这会是一个此消彼长的过程，北京在减少燃油车使用的同时，应尽快引导新能源车辆逐步推向市场，从而加快实现车辆用能的低碳化，这不仅仅需要相关技术的支撑，而且应当完善配套服务设施，促进新能源交通工具的推广和普及。

1. 完善新能源汽车配套服务

针对目前新能源汽车推广过程中遇到的障碍，应尽快完善其配套设施。提高充电桩建设密度，实现新建社区和公共场所都配备充足的充电设施，加强运营与管理，通过信息技术手段保障充电设施的正常运转；推进加油站和电动车制造商合作，在加油站新增充电站等相关服务，推广加油站与充换电站并存的双重模式，使车辆充电像加油一样便捷；进一步加大新能源汽车的补贴力度，通过广告和低碳知识宣传，在报废老旧车辆的同时，引导市民购买新能源汽车，提升新能源车辆的比例。

2. 有序开展电动公交车和出租车的更换

公交车出行比重高，需要政府大力支持其低碳化发展，通过制定合理的新能源公交车替代计划，努力在 2025 年前实现 100% 纯电动公交，意义重大；对电动车辆的采购给予必要的财政补贴，引入社会资金和力量促进电动公交车的发展，接受企业和个人捐赠，进一步考虑公共交通公司对接碳交易市场，加快其节能减排的步伐。

北京市现有出租车运营车辆约 6.8 万辆，是城市交通系统的重要组成部分，但是将出租车全部更换为电动汽车的方案阻力巨大，进展缓慢。相关部门应进一步完善实施方案，解决大规模车辆的充电问题，同时电动出租车运行时间短，份子钱的征收方式应作出调整，解决司机师傅们的后顾之忧。根据车辆具体使用情况，逐步推广按批次更换，确保出租车行业的有序运行。

（三）推进绿色电力发展的制度

根据低碳交通的内涵与特点，真正的低碳交通应该具备可持续性，应当消耗较少的能源和产生较少的污染物排放。上文我们提到北京市应该加快交通用能的转变，促进新能源交通工具的推广，从而实现低碳化发展，但是从整个能源消耗的生态周期来看，真正的低碳交通应该是使用更多的非化石能源，而电力的消耗，也应该更多地采用绿色电力，即利用可再生能源发电，主要包括太阳能、水能、风能、生物质能、潮汐能、地热能等，结合北京市的现实情况和资源禀赋基础，大力提高绿色电力的比重。

1. 可再生能源电力发展的制度保障

科学的可再生能源发展规划，是确保不断提高可再生能源比重的前提，是实现碳排放峰值目标的关键。北京市提出了 2020 年实现清洁发电装机容量达到 100% 的目标，其中可再生能源发电占比达到 15% 左右。结合目前的实际情况，应着力制订远期的绿色电力行动计划，科学有效地利用太阳能和地热能发电，有序开发风能和生物质能等；重视风能、太阳能发电技术的提升，加快突破电力储存技术不成熟、储能容量小等难题，协调解决新能源发电不稳定等问题，提升对可再生能源消纳能力，推进绿色电力有效地融入城市电网；相关部门应对可再生能源电力的发展给予充足的政策支持，加大财政资金投入，降低供电成本，保障其能够顺利地融入市场。

2. 积极开展跨区域绿色电力调入

北京市周边省份蕴藏着大量的风能资源，积极实施绿色电力进京计划，不仅有利于解决北京市对清洁能源发展的需求，而且有助于促进周边省份的经济社会发展。支持周边地区的可再生能源基地建设，综合开发风能、太阳能等资源，完善配套的电力储能调峰设施，建设绿色电力输送通道，逐步扩大绿色电力的调入规模。北京市应为周边地区提供必要的技术和资金投入，建立健全可再生能源的长期合作机制，坚持科学规划、集约高效的原则，实现互利共赢。

3. 探索交通行业的绿色电力消费机制

倡导绿色低碳的社会消费理念，政府及公共服务部门应率先采用绿色电力，同时研究绿色电力的自愿认购制度，鼓励企业及个人使用绿色电力。交通部门碳排放量较大，还具有很大的碳减排空间，随着电动汽车和电动公交车的推广，交通部门应积极参与绿色电力的认购和使用。由于城市公交、轨道交通和出租车的管理相对集中，相关机构可对交通行业实施新能源使用指标配额，提升可再生能源在交通行业的消费比例；将绿色电力逐步引入车辆充电桩，鼓励更多的车主参与到低碳交通的建设，使电动汽车实现真正的绿色出行；建立绿色电子证书交易机制，其绿色电力指标可以在市场上买卖，促进交通运营公司和私家车主更加主动地认购绿色电力，加快实现交通用能的低碳化转变。

第七章

世界低碳城市经验借鉴

尽管全球城市面积仅占地球表面积的 2%，但全世界人口中约有 50% 以上居住在城市，而城市消耗了全球能源消耗量的 75%，排放的温室气体占全球所产生的温室气体的 80% 左右。根据美国的相关资料表明，城市建筑物排放的二氧化碳约占总量的 39%，交通工具排放的二氧化碳约为 33%，工业排放的二氧化碳约为 28%。这决定了城市成为能源消耗的主体。[①]据估计，到 2030 年世界上将有超过 60% 的人口居住在城镇，城市环境碳排放量占总排放量的 70%。[②] 由于经济和人口增长，全球二氧化碳排放量和城市化水平同步增长，目前均有加快的趋势。[③]

　　为应对气候变化，各国纷纷做出各种努力与尝试。2003 年，英国率先在《我们能源的未来》白皮书中提出"低碳经济"，日本随后提出"低碳社会"，"低碳"问题引起国际社会广泛关注。有很多大城市开展了低碳城市的探索，并取得了宝贵经验，下文介绍的墨尔本、马尔默和弗莱堡就是其中的代表。

　　①③　关海玲，陈建成，曹文.碳排放与城市化关系的实证［J］.中国人口·资源与环境，2013，23（4）：111-116.

　　②　United Nations. World Urbanization Prospects： The 2005 Revision.［M］. New York：United Nations，2005：1-196.

第一节　墨尔本：减少城市碳排放

一、墨尔本概况

维多利亚州首府墨尔本（Melbourne）是澳大利亚的第二大城市，位于澳大利亚南部滨海，面积约为 8831 平方千米，人口为 448 万，约占维多利亚州总人口的 75.7%，即将超越悉尼成为澳洲第一人口大城。

1835 年以前的墨尔本人口稀少，1840 年墨尔本的人口才一万人。直到 1851 年，墨尔本发现了金矿，大量人口涌入墨尔本才使墨尔本真正发展起来，逐渐成为了一个富足的城市。

如今墨尔本是澳大利亚的工业重镇，也是澳大利亚的汽车工业中心，是澳大利亚经济和商业中心城市之一，汽车制造、重型机械、纺织、生物科技、电子等产业都很发达。这就导致了墨尔本的能源使用量很高，由于这些能源大部分来自矿物燃料，且效能比很低，因此墨尔本的温室气体排放量异常高，而且在不断提高。

2005 年维多利亚州温室气体的总排放量约为 $122MtCO_{2e}$，比 1990 年增长了 12%（见表 7-1），而 1990 年的水平是《京都议定书》确定的澳大利亚控制碳排放量的基本线（利·格洛弗，2008）。

表 7-1　1990~2005 年维多利亚州的温室气体排放量

单位：$MtCO_{2e}$

年份		1990	1995	2000	2005
能源部门		80.28	83.84	99.60	102.85
	能源工业	47.18	50.91	65.82	66.77
	制造业与建筑业	6.89	6.1	5.77	5.29
	交通运输业	16.26	16.34	18.26	20.57

年份		1990	1995	2000	2005
	散逸性排放量	3.69	3.53	2.49	1.76
	其他	6.26	6.91	7.26	8.46
工业生产		3.55	2.29	2.20	2.76
农业		14.97	15.11	15.72	15.73
土地利用		—	—	—	—
调整林业		4.65	2.20	−1.35	−3.49
浪费		4.78	4.55	3.87	4.04
合计		108.23	108.00	120.02	121.36

资料来源：利·格洛弗整理自 Victoria，Government of（n.d.）. Victorian Greenhouse Strategy. Victorian Greenhouse Gas Inventory 2005. Information Sheet. www.greenhouse.vic.gov.au.

澳大利亚有一个全面的温室气体调查项目，但并不延伸到个别城市，利·格洛弗假设维多利亚州的城市人口与农村人口有相同的温室气体排放量，通过墨尔本人口占维多利亚州人口比例的方法得到了近似的数值。但他也指出，根据 Manfred Lenzen（1998）对澳大利亚不同生活层面对能源和温室气体的需求研究可以知道澳大利亚城市比农村排放更多的温室气体[1]，所以这种方式得出的结果是被低估的。

无论如何，墨尔本温室气体排放在不断增加的趋势是显而易见的。

面对温室气体排放不断增加的恶劣局势，维多利亚州政府在州发展策略中制定了明确的框架以应对温室气体排放。2005 年，维多利亚州政府宣布到 2050 年的排放量要下降到 2000 年的 60%。

为实现这个目标，政府根据墨尔本的温室气体排放主要来源于运输所需的燃油和发电所需的褐煤的事实，制定了发展紧缩城市和推广低碳住宅的战略。

---

① Manfred Lenzen. Energy and greenhouse gas cost of living for Australia during 1993/94 [J]. Energy，1998，23（6）：497−516.

二、低碳城市发展路径

（一）紧缩城市

墨尔本的交通部门排放了相当数量的温室气体（见表 7-1），因为墨尔本的城市空间结构导致墨尔本的私家车不断增长。

澳大利亚地广人稀，土地资源和各种其他的环境资源非常丰富，这种优越的条件以及郊区新城等政策造成了澳大利亚的城市倾向于发展分散型的城市空间结构。英国环保部委托 ECOTEC 研究咨询公司和交通规划协会为英国政府做的研究——通过城市规划减少交通碳排放《Reducing Transport Emissions through Planning》证明这种分散型的城市空间结构将加大通勤里程（见表 7-2）。[①]

表 7-2　人口密度及各种交通方式下每人每周交通路程

单位：千米

人口密度 （人/公顷）	小汽车	公共汽车	火车	步行	其他	总计
1 人以下	159.3	5.2	8.9	4.0	28.8	206.3
1~4.99	146.7	7.7	9.1	4.9	21.9	190.5
5~14.99	131.7	8.6	12.3	4.3	18.2	176.2
15~29.99	105.4	9.6	10.2	6.6	20.6	152.6
30~49.99	100.4	9.9	10.8	6.4	15.5	143.2
50 及以上	79.9	11.9	15.2	6.7	15.4	129.2
总计	113.8	9.3	11.3	5.9	19.1	159.6

资料来源：韩刚等（2017）引自 "英国环保部：Reducing Transport Emissions through Planning，1993"。

墨尔本分散型的城市空间结构要求有更多的通勤里程的同时会促使市民选择私家车作为通勤工具。墨尔本在 1976~2006 年的蔓延期间，私家车通勤比例大幅度增加的事实证明了这个观点。根据澳大利亚统计局（Australian Bureau of Statistic）的统计数据，1976~2006 年，驾车通勤总量比例从 56%

[①] Headicar，Peter. Reduling Transport Emissions through planning ［J］.The Town Planning Review，1994，65（2）：222–223.

上升到 74%；与此同时，公共交通通勤比例从 24% 下降到 14%，其中火车通勤比例由 12% 下降到 10%，公共汽车、轮渡和有轨电车的通勤比例由 12% 下降到 4%；步行比例也从 6% 下降到 3.5%（保尔·米斯，2008）[1]。

私家车通勤会占据所有通勤方式所排放的温室气体的绝大部分（单吉堃和张贺伟，2018）[2]。墨尔本分散的城市空间结构让墨尔本的温室气体排放量不断攀升。

在这样的形势下，墨尔本政府制定了发展"紧缩城市"的战略。

"紧缩城市"发展理论是一个新生概念[3]，在 1990 年欧洲社区委员会（CEC）于布鲁塞尔发布的绿皮书中，首次公开提出回归"紧缩城市"形态（Compact City）。[4] 1996 年，英国牛津布鲁克斯大学建筑学院的迈克·詹克斯等编著出版了《紧缩城市——一种可持续发展的城市形态》（The Compact City：A Sustainable Urban Form）一书。书中以紧缩城市与可持续的关系为主要线索，对发达国家面临的不可持续问题及其解决措施进行了广泛探讨[5]，将"紧缩城市"这一概念推向了全世界。此后，关于"紧缩城市"的研究蓬勃发展，俨然成为关于城市密度和形态领域的主流思想。

"紧缩城市"这一城市规划思想认为：以遏制城市扩张为前提的通过对集中设置的公共设施的综合利用，将会有效地减少交通距离和小汽车的使用，促进城市的可持续发展，并实现对原有土地资源的再利用，使旧城区重获生机。[6]

皮特·纽曼（Peter Newman）等根据世界主要大城市相关数据进行对比研究，发现美国城市密度最低而能耗最高，欧洲适中，香港密度最大能

① Paul Mees, Genevieve O'Connell, John Stone. Travel to Work in Australian Capital Cities, 1976~2006［J］. Urban Policy & Research，2008，26（3）：363-378.

② 单吉堃，张贺伟. 低碳城市建设的路径分析——以北京市为例［J］.学习与探索，2018（4）：126-130.

③ 叶钟楠. 2000 年以来"紧缩城市"相关理论发展综述［J］.城市发展研究，2008（S1）：155-158.

④ 韩笋生，秦波. 借鉴"紧凑城市"理念，实现我国城市的可持续发展［J］.国际城市规划，2009，24（S1）：263-268.

⑤⑥ 李琳，黄昕珮. 城市形态可持续性目标的实现——读《迈向可持续的城市形态》［J］.国际城市规划，2007（1）：99-105.

耗最低，由此得出结论，高密度的紧凑城市能有效降低交通能耗和尾气排放量[①]。

墨尔本学习"紧缩城市"理论，通过规划和立法的形式，划定了城市增长边界，严格地控制墨尔本向外蔓延，通过发展紧缩型城市优化城市空间结构减少对燃油的依赖，最终减少温室气体的排放。

（二）低碳住宅

2002 年，维多利亚州自然资源与环境部（Department of Natural Resources and the Environment）的统计数据显示，2000 年维多利亚州主要的能源消耗为 1336 拍焦其中包括褐煤消耗 650 拍焦、燃油产品和液化石油气消耗 421 拍焦、天然气消耗 229 拍焦和可再生能源（生物能源 34 拍焦、水利电气 2 拍焦、其他 0.2 拍焦）。维多利亚州一半的能源消耗来自褐煤。

褐煤又称柴煤，是一种介于泥炭与沥青煤之间的棕黑色、无光泽的低级煤，含有 20% ~ 60% 的水分，燃烧会释放大量温室气体。基于全生命周期的褐煤发电研究得知，无论使用褐煤提取质还是普通褐煤发电都会排放大量温室气体（见表 7-2）（韩雅文等，2017）[②]。

墨尔本发电使用的原料正是褐煤。为减少发褐煤的使用，墨尔本政府大力推广低碳住宅，在 2005 年公布的维多利亚计划州能源效率计划（Energy Efficiency for Victoria Plan）中推行五星能源标准——所有新住宅和公寓建筑材料的评估必须达到五星级，同时必须安装冲刷卫生间的雨水池和太阳能热水系统。除此之外，还需要考虑加热和制冷设备、房屋朝向、窗户玻璃等因素。维多利亚州可持续发展与环境部（Department of Sustainability and Environment）希望通过这些措施能够在十年内减少 200 万吨的温室气体排放量。2006 年投入使用的墨尔本新市政厅（the Council House 2，下文简称 CH2 办公楼）就是其中的典范。

CH2 办公楼广泛模仿自然中的生态过程降低了建筑对电力的依赖。

首先，CH2 办公楼通过建筑朝向、窗户上窄下宽的形状以及窗户开启

---

① Newman P W G. Gasoline Consumption and Cities ： A Comparison of U.S. Cities with a Global Survey ［J］. Journal of American Planning Association，1989，55（1）：24-37.

② 韩雅文，王安建，周凤英，邢万里. 基于全生命周期的褐煤制气与发电温室气体排放对比研究［J］. 地球学报，2017，38（1）：54-60.

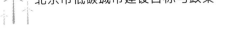

位置等方法，最大限度地利用了自然光，减少了对灯光的使用。

其次，在空调系统上，一方面，运用混凝土吊顶通过白天储存热量，晚上释放热量的方式控制室温；另一方面，采用导热相变材料代替传统制冷物质，当需要制冷时循环系统中的水经过凝固点为16℃的盐水释放热量、降低水温，最终通过循环系统降低空气中的温度，当需要制暖时循环系统中的水经过导热相变材料吸收热量、提高水温，最终通过循环系统提高空气中的温度。此外，CH2办公楼还运用位于建筑南立面的淋浴塔通过喷洒在蒸发过程中降低温度的水降低建筑温度，而喷落的水进入水循环系统参与下一轮循环。

除此之外，CH2办公楼还采用微型涡轮机热电联产发电（微型涡轮机比燃煤发电机排放更少二氧化碳并且余热可用于辅助采暖）、太阳能光伏电板发电、电梯制动发电以及太阳能热水等技术手段降低了对电网的依赖，减少了城市碳排放。

三、减少城市碳排放

随着经济发展与工业进步，气候变化问题已经成为人类关注的焦点。全球气候变暖已经严重威胁到人类的生存与健康。

城市化是碳排放持续增加的原因（关海玲等，2013）[①]，建设低碳城市是碳减排、减缓气候变暖的重要途径。

鉴于碳排放量和全球平均气温不断增加的事实，建设低碳城市已经日益成为全世界城市发展的必然趋势。

墨尔本是一个规模较大、经济发达的中心城市，不同于小城市的低碳城市建设路经。墨尔本政府在各方利益的权衡下，选择了适合自己的低碳城市建设路径，微观上推广低碳住宅、宏观上进行紧缩城市规划，在建设低碳城市的道路上稳步前进。

---

① 关海玲，陈建成，曹文.碳排放与城市化关系的实证［J］.中国人口·资源与环境，2013，23（4）：111-116.

第二节 马尔默：建设绿色未来

一、马尔默市概况

马尔默市（Malmo）按人口计算是瑞典的第三大城市，它是斯科讷省的首府，也是斯科讷省西部的商业中心，它和丹麦王国的哥本哈根共同组成了跨国界的厄勒地区。

马尔默曾是一个以造船为主的重工业城市，世界最大造船厂之一考库姆造船厂正是当地的支柱企业。20世纪70年代马尔默西港新城的地标是一座巨大的考库姆起重机。这座建造于1974年、曾是世界上最大的起重机，代表着马尔默造船业的辉煌。

处在"辉煌"的"工业时代"的马尔默并不是一个宜居之地，这里有的只是林立的钢铁与烟囱，处处可见的装吊机和大型机械。

但从20世纪70年代中期开始，其支柱产业造船业和纺织业开始面临萎缩或者关闭，马尔默在1971~1985年的14年间人口减少了36000人，其中6000人源于考库姆船厂的关闭。1990年瑞典经济危机加剧了马尔默的经济恶化，1990~1995年的五年间减少了27000个就业岗位，这种状况在1995年尤为严重。[①]

1994年底，正是在马尔默迫切需要转型的情况下，艾欧玛·瑞帕鲁（Ilmar Reepalu）成为了马尔默的市长。瑞帕鲁在1994年担任市长后，面临的首要难题就是马尔默如何振兴。

"为了推动马尔默向前发展，我面临抉择：发展旅游，振兴工业？还是开发新产业？1994年3月21日，《联合国气候变化框架公约》正式生效，

---

① 李鹏影，刘建军.以城市事件为契机的旧工业区改造与再发展研究——以瑞典马尔默住宅展为例［J］.国际城市规划，2015，30（2）：87-94.

让我明确了未来的发展思路，那就是把马尔默建成一座生态环保城市。"①

瑞典加入欧盟后，马尔默成为距离欧盟市场最近的瑞典城市；尤其是哥本哈根和马尔默之间厄勒海峡大桥的通车，有效加强了马尔默与外界的沟通，为马尔默成为区域经济的中心提供了历史机遇。至此，许多物流和服务业开始向马尔默转移。这让马尔默有了从以纺织及造船等传统制造业为支柱产业的城市向新型的知识型信息化的绿色城市转型的基础。

特别是 1998 年在西港区考库姆船厂部分旧址上建立厄勒马尔默大学，该校与马尔默市共同探索绿色可持续的城市发展理念，每年为马尔默市提供了大约七八千名高素质的带有清洁能源技术、清洁技术以及环保技术专业背景的学生，将创新的可持续知识和经验运用于社区建筑及环境设计，为马尔默从"蓝领城市"转为"知识型城市"提供了必要的技术准备②。

2001 年在马尔默举办的"欧洲城市住宅博览会"则为马尔默转型提供了契机。

马尔默借着举办欧洲住宅展的机会，启动了一个住宅示范区项目——Bo01 明日之城住宅示范区（以下简称 Bo01）。

Bo01 项目计划改造因为长期工业活动而有严重土壤污染问题的西港区，建造一个占地约 30 公顷，可容纳 1000 户居民的住宅综合区，以此作为示范区参加欧洲住宅展。

马尔默通过在 Bo01 的项目中践行绿色基础设施理念，为马尔默找到了低碳城市的发展道路。

二、低碳城市发展路径

"基础设施"（Infrastructure）一词最早出现于 20 世纪初的美国，并在 1927 年密西西比河大洪水过程中被首次使用。③这是一个在人类与自然斗争过程中诞生的词汇。

市政基础设施由地面交通、供水、供气、照明、污水处理和垃圾处理

---

① 甘霖·马尔默：工业重镇蝶变生态城市［N］. 深圳特区报，2012-06-27（A09）.

② Olssen Mats，Rosberg Göran. MALMÖ：From Blue-collar City to Knowledge and Culture City［J］. TOPOS，2007（2）：28-33.

③ Pierre Belanger. Ecological Urbanism［M］. New York：Lars Muller Publishers，2010.

等系统构成,是城市系统的重要组成部分,是城市社会经济发展、人民生活水平提高和城市安全运转的基本保障。

灰色基础设施(Grey Infrastructure)也就是传统意义上的市政基础设施,这种基础设施是一种以单一功能的市政工程为主导,由道路、桥梁、铁路、管道以及其他确保工业化经济正常运作所必需的公共设施所组成的网络。

这种传统的,诞生于人类与自然相斗争的市政基础设施,虽然为社会生产和居民生活提供了保障服务,但往往只注重功能性而不考虑在建设和运营过程中对环境的影响。事实上,无论在市政基础设施的建设阶段还是运营阶段都会向大气中排放大量的温室气体。

首先,在建设市政基础设施的过程中会消耗大量能源并排放大量温室气体。以城市道路建设为例,城市道路建设可以分为原材料生产阶段、运输阶段、拌和阶段、铺摊阶段、碾压阶段和基层养生阶段[1],这六个阶段中涉及诸如推土机、挖掘机、自卸汽车、装载汽车、压路机等大排量机械的使用。除此之外,在道路建设过程中发生的化学反应同样会排放大量温室气体。根据蔺瑞玉(2014)对沥青路面建设过程温室气体排放的研究,建设一条双向四车道、全长 20 千米、宽 28 米、中央隔离带 3 米、两侧路缘带 2×0.75 米、硬路肩 2×3.5 米、土路肩 2×0.75 米的沥青路面将会排放 9123898.74 kg 二氧化碳当量的温室气体(见表 7-3)。

表 7-3 沥青面层能耗及温室气体排放汇总

沥青面层铺筑阶段		能耗(MJ)	温室气体排放量(kg)			
			CO_2	N_2O	CH_4	CO_{2e}
原材料生产	集料生产	11410751	1047606.94	30.17	26.57	1069398.55
	矿粉生产	998007	94293.65	1.50	1.00	94760.11
	沥青生产	24917037	2761962.91	43.89	29.26	2775626.00
	合计	37325795	3903863.5	75.56	56.83	3939784.66
混合料拌和		55729912	4902146.45	68.91	195.73	4927045.97

---

① 蔺瑞玉. 沥青路面建设过程温室气体排放评价体系研究 [D]. 长安:长安大学,2014.

沥青面层铺筑阶段		能耗（MJ）	温室气体排放量（kg）			
			CO_2	N_2O	CH_4	CO_{2e}
运输	原材料	1060771	92531.83	4.88	4.88	94088.81
	混合料	330397	28820.80	1.52	1.52	29305.75
	合计	1391168	121352.63	6.40	6.40	123394.56
摊铺		876391	76597	4.46	4.22	78015.18
碾压		627501	54737.34	2.89	2.89	55658.37
合计		95950767	9058696.92	158.22	266.07	9123898.74

注：CO_{2e}：二氧化碳当量。[1]

资料来源：蔺瑞玉（2010）。

其次，在市政基础设施的运营过程中同样会排放大量温室气体，根据章蓓蓓等（2012）对苏州市市政基础设施碳排放的实证研究可以得知，市政基础的每一个系统都在运营过程中产生碳排放（见表7-4）[2]。

表7-4　各市政系统运营单位温室气体排放量

市政设施系统		单位排放量	市政设施系统	单位排放量
地面交通系统		0.72kg·CO_{2e}/km	道路照明系统	86.11t·CO_{2e}/km
供水系统		0.26kg·CO_{2e}/t	景观照明系统	3.51kg·CO_{2e}/m²
供气系统	天然气	7.06kg·CO_{2e}/10⁴m³	污水处理系统	0.78kg·CO_{2e}/t
	人工煤气	297.72kg·CO_{2e}/10⁴m³	垃圾处理系统	焚烧0.31t·CO_{2e}/t
	液化石油气	22.04kg·CO_{2e}/10⁴m³		填埋2.94t·CO_{2e}/t

资料来源：章蓓蓓、张春霞和佘健俊（2012）。

---

① 二氧化碳当量(Carbon Dioxide Equivalent,CO_{2e})：用作比较不同温室气体排放的量度单位。一种气体的二氧化碳当量是通过把该气体的吨数乘以其温室效应潜力值（GWP）后得出。

② 章蓓蓓，张春霞，佘健俊.市政基础设施运营系统碳排放计算方法——以苏州市为例的实证研究［J］.现代城市研究，2012，27（12）：80-86，93.

全球低碳减排的关键在城市，城市低碳减排的关键在市政基础设施。

"绿色基础设施"正是发展低碳城市的关键。"绿色基础设施"是相对于以路面交通系统、给排水、污水处理设施等"灰色基础设施"而提及的一种概念，它最早于1999年由美国保护基金会和农业部森林管理局组织的"GI工作组"（Green Infrastructure Work Group）提出，该小组将绿色基础设施定义为"自然生命支撑系统"，即一个由水道、绿道、湿地、公园、森林、农场和其他保护区域等组成的维护生态环境与提高人民生活质量的相互连接的网络。

绿色基础设施是由水道、绿道、湿地、公园、森林、农场和其他保护区域等开敞空间和自然区域组成的相互连接、有机统一的网络系统。系统通过人与自然过程的共生和合作，遵循生态系统的运行方向，让自然做功，利用自然系统自我调节能力或通过人工系统来模仿自然系统，实现在水污染治理、固体垃圾回收、气候改善、绿植浇灌、提供游览休憩空间等市政工程方面的应用，减少"灰色基础设施"的投入，发展低碳经济，实现减源增汇的低碳发展路径。

（一）市政基础设施的建设阶段

在市政基础设施的建设阶段，Bo01社区通过减少建筑材料的使用，贯彻了"绿色基础设施"的建设理念。水泥工业占全球二氧化碳排放总量的7%左右，占工业碳排放的26%，[①]减少对建筑材料的使用，这从根源上减少了碳排放。

在设计阶段，设计方通过合理的规划、设计和采用先进的住宅建造技术，倡导使用最少的、可再生、可重复利用的材料，达到节约建筑材料的目的。

以Bo01居住区临港一侧的滨水岸线设计为例，设计师吉比·阿加德·安德森设计用以诠释滨水空间的栈台所用材料均为18厘米宽，6厘米厚，1.5米长的规格化部件，简洁的材料很大程度上节约了建造成本，而且这些材料因为统一的规格很容易被更新及重复使用。正如韩西丽和彼特·斯约斯特洛姆（2011）所指出的，景观通用部件体系即景观材料的规格化及生产体系的建立，将会促进景观材料的重复利用并节约建造成本，从而实现可持

---

① M.B. Ali，R. Saidur，M.S. Hossain. A Review on Emission Analysis in Cement Industries ［J］. Renewable and Sustainable Energy Reviews，2011，15（5）：2252−2261.

续发展。①

在施工阶段，施工方则在施工前采用工程预测的方式施工，减少了建筑垃圾的产生。

据瑞典皇家工学院 2001 年通过对三栋实验楼和一栋参照楼（合乎瑞典现行标准）的对比实验表明，通过采用合理的规划设计理念、集成的技术和产品以及先进的施工工艺，对比参照楼、实验楼的能源需求减少 20%~31%，人均对土地和基础设施的占用减少 45%~59%，人均节水 10%，建材总需求量减少 10%，建材废弃物量减少 20%。②

在垃圾回收阶段，为了将建筑垃圾资源化，Bo01 住宅区将建筑垃圾分为 17 类，大大提高了建筑垃圾回收利用的效率。

Bo01 居住区在基础设施建设的设计、施工、回收全过程实现了减源的目标。

（二）市政基础设施的运营阶段

在市政基础设施的运营阶段，Bo01 居住区也没有放弃较少碳排放。

1. 垃圾减排

根据王星星（2012）对湖北省武汉市江岸区入住 12 万人的百步亭社区的垃圾运输系统碳排放的研究得知，垃圾运输和垃圾中转都会产生相当数量的碳排放，其中运输阶段会产生的碳排放占整个过程一半以上。③

Bo01 居住区则省去了这一碳排放阶段：居民先将生活垃圾分为食物垃圾和其他干燥垃圾，然后把分类好的垃圾通过居住区地下真空管道直接送到相应的处理站。这种用真空运输管道代替垃圾运输车的设计免去了垃圾的运输阶段，减少了垃圾运输阶段超过一半的碳排放。

2. 用水减排

人类的用水过程包括：取水—自来水生产—中间加压—建筑内部使用—

---

① 韩西丽，彼特·斯约斯特洛姆.风景园林介入可持续城市新区开发——瑞典马尔默市西港 Bo01 生态示范社区经验借鉴［J］.风景园林，2011（4）：86-91.

② 于萍.瑞典城市可持续发展的经验——以 Bo01"明日之城"住宅示范区为例［J］.世界建筑，2009（6）：87-93.

③ 王星星.城市社区垃圾收运过程的碳减排评价研究［D］.武汉：华中科技大学，2012.

污水处理—水体排放。在这些阶段中，取水、自来水生产、中间加压、污水处理都存在能源消耗以及碳排放，根据梁磊等（2010）对江苏省昆山市花桥镇用水过程碳排放的研究得知，在当前节水意识及工艺下，每生产一吨自来水会产生 1.05 千克的碳排放。[①]

Bo01 住宅区普遍使用节水器具，坐便器的水箱的配置都是三升或六升排水量，拥有两挡甚至三挡的节水挡位，部分单元还安装了节水龙头。这在用水环节中属于"建筑物内部使用"，在这里节水从源头减少用水，每节约一吨水相当于减少了 1.05 千克的碳排放。

在"污水处理"阶段，Bo01 住宅区将排放的污水通过市政管网并入市政污水处理系统，首先经过一个对污水发酵处理的产房发酵产生沼气——这些沼气经过净化后可达天然气标准，然后经过一个回收氮、磷、钾等富营养化学元素的厂房收集这些富营养化学元素，用于制造肥料。在这个阶段，Bo01 社区采取了先进工艺，将一个耗能的环节变成了能源生产以及资源生产环节，增加了能源的利用效率，间接减少了碳排放。

3. 排水减排

传统的城市排水系统因为城市多为硬化地面，而生态化的雨水系统改变过去利用城市排水管道直接将雨水排入自然水体的处理方式，运用绿色屋顶、屋顶蓄水池、草沟和植生带、滞洪池、人工湿地、透水性铺装等工程，利用较为生态的方法减慢和存储地表径流，真实地模拟自然条件，让城市的地表径流状态跟自然水系一样，实现可持续的雨水管理。

这种雨水管理措施一方面让雨水首先经过绿色屋顶、绿化系统、集水池、渗透砖、开放式的排水道等绿色基础设施最大程度上模拟自然条件，实现了城市排水系统的生态化。

另一方面，通过排水系统中的绿色屋顶与城市绿化系统结合起来，形成连续、整体的绿地系统，吸收空气中的二氧化碳，并将其固定在植被和土壤中，增加碳汇。

同时，生态化的排水系统将雨水用于绿化灌溉减少了城市管理中的用电与用水，减少了碳源。

---

① 梁磊. 节水与低碳排放关联研究［C］// 科技部，山东省人民政府，中国可持续发展研究会.2010 中国可持续发展论坛 2010 年专刊（二）.北京：中国可持续发展研究会，2010：3.

三、建设低碳绿色未来

马尔默在市政基础设施的建设、运营两个阶段，建材、垃圾处理、用水、排水四个环节运用了绿色基础设施理念，将被传统城市所打断的生态循环重新连上，模拟自然循环，让城市中的雨水、废水和垃圾重新参与了生态循环，成功减少了碳汇增加了碳源。

值得一提的是，Bo01住宅区通过风能、太阳能、地热能等自然能源以及废水、垃圾循环过程中产生的能源实现了能源供给100%依靠可再生能源的壮举，并以此获得了欧盟的"推广可再生能源奖"。

虽然Bo01住宅区建设的契机仅仅只是一个展览4个月的住宅展，但是申办展览五年，Bo01住宅区及西港区全部开发所需35年，对马尔默形成了持续的影响。

在这期间，Bo01住宅区所在西港区优化了主城区功能，扩大了城区范围，改善了马尔默市的城市结构。同时，以优越的居住、工作环境吸引了欧洲各国特别是丹麦王国的移民，在欧洲绝大多数城市在经历"去城市化"的时候，马尔默市的人口每年以5%的比例增加，大量移民从瑞典、丹麦乃至整个欧洲涌入马尔默的西港区，这些移民又用自己的知识不断改造马尔默市的生活和居住环境，而更好的城市环境又会增强自身对高素质人才的吸引力，形成了一个良性循环。

除了物质上的改变，Bo01住宅区促进了与生态化理念与创新技术的交流与进步。通过Bo01住宅区的展览以及随后的弗莱格胡森和弗瑞格，向民众与城市规划及建筑相关从业者展示了马尔默市对绿色的生态化社区的探索与尝试，并通过研究、评价及参观等活动，促进了民众之间、民众和政府、民众与相关专业从业者之间的交流，让民众对绿色生态理念有更深的了解与认同，增强了民众的参与度；让政府坚定了对绿色生态理念的践行，聆听到未来可能的使用者的真实看法与态度；让专业从业者获得了更多的灵感，能够推陈出新，做出更优秀的设计，三者共同推进绿色生态理念和技术的进步。

Bo01住宅区不但为马尔默指明了绿色的未来，影响了马尔默市的城市结构和发展方向，为马尔默市的绿色发展提供了蓝图和参照物，同时也为世界提供了一个绿色可持续城市社区的示范和学习项目。

第三节　弗莱堡：通往可持续发展

一、弗莱堡概况

弗莱堡（Freiburg）位于德国西南边陲，靠近法国和瑞士，是德国巴登—符腾堡州的直辖市，弗莱堡大行政区的首府，位于德国黑森林南部的最西端，面积 153 平方千米，人口约 22 万。

弗莱堡历史悠久，其城市历史可以追溯到 12 世纪。1457 年奥地利大公阿尔布莱希特六世建立了弗莱堡大学，这是德国最古老的大学之一。

历史的基因让弗莱堡人追求高品质的生活，面对气候变化以及环境恶化，弗莱堡人很早就意识到需要一种低碳的生活代替原有的城市生活。

弗莱堡考虑到自身的地理优势以及公众对低碳城市建设表现出的极大热情，制定了清洁能源和低碳生活的发展战略。

二、低碳城市发展路径

（一）清洁能源

城市的低碳发展，使用清洁能源至关重要。

早期弗莱堡政府就认识到清洁能源的重要性并选择核能作为城市的能源，但在 20 世纪 70 年代发生了市民联合抵制政府建设核电站的运动，特别是 1986 年发生的切尔诺贝利核事故更让弗莱堡居民坚定对核电站的抵制。于是弗莱堡政府全面废除对核能的利用，将目光投向了太阳能、风能以及地热能等新型清洁能源。

因为弗莱堡是德国最温暖，阳光最灿烂的城市，全年有 1800 小时的日照，得天独厚的地理优势，让太阳能成为弗莱堡最适合发展的新能源。

在 20 世纪 80 年代，太阳能研究正由于石油价格的回落，太阳能产品价格居高不下，技术没有重大突破，提高效率和降低成本的目标没有实现等原因正陷入低谷。但弗莱堡人经过深思熟虑后依然选择了在太阳能领域深耕细作。

弗莱堡选择太阳能作为清洁能源的发展方向,首先做的就是引进著名的太阳能研究院和学者,逐步拥有了全欧洲最大的太阳能开发利用机构。如今弗莱堡已经拥有了以弗劳恩霍夫研究院太阳能系统研究所为核心的太阳能研究院、弗莱堡太阳能电池厂、咨询公司、太阳能建筑设计公司、节能环保酒店以及手工业协会的"未来车间"等一系列机构、企业组成的太阳能产业集群[①]。

为鼓励市民安装、使用,企业和机构开发、生产太阳能设备,弗莱堡建设了大量太阳能住宅。这些太阳能住宅区运用了先进的被动式太阳能利用技术,严格遵循高效节能理念设计住宅:通过考虑住宅的走向以获得丰富的太阳能,提高太阳能光伏板的效果;运用特殊的墙体材料让住宅夏天避暑、冬天保暖,减少空调用电。这些"开源节流"的技术在减少能耗的同时提高太阳能发电量,让各个住宅能够有盈余的太阳能发电量,并从安装有太阳能设备的住宅收购盈余电能用作公共性能耗,根据太阳能设备的大小,居住在太阳能住宅的住户每月能获得 300 ~ 600 马克[②],这让居民安装太阳能设备有利可图。

太阳能住宅的兴起,让弗莱堡从市民、太阳能住宅设计公司到太阳能设备生产企业等各个与太阳能产业相关的企业、机构和个人都获得了利益,极大地促进了太阳能这一清洁能源的推广。

早在太阳能技术不发达的 1996 年,弗莱堡就安装了 75 个太阳能光伏板,总容量 366 千瓦,成为德国人均拥有太阳能电池板装置最多的城市。[③]到 2008 年底,弗莱堡太阳能光伏容量已经达到了 9500 千瓦。[④]

2011 年,在垃圾填埋场艾希尔布克(Eichelbuck)上建立起来的第一期改造工程在山体上安装了总面积达 17000 平方米的太阳能光伏发电设备,形成了 2500 千瓦的太阳能光伏容量,可以满足 1000 户居民的日常生活用电。[⑤]

太阳能的大规模使用让弗莱堡的能源结构从根本上发生了改变,对矿

---

① 仇保兴.生态城市使生活更美好[J].城市发展研究,2010,17(2):1-15.

② 杨春风,万屹.欧洲最现代化的太阳能住宅工程:德国弗莱堡的太阳能城[J].建筑创作,2004(5):122-125.

③ 吴唯佳.德国弗莱堡的城市生态环境保护[J].国外城市规划,1999(2):31-33,43.

④ 郭万达,刘艺娉.政府在低碳城市发展中的作用——国际经验及对中国的启示[J].开放导报,2009(6):23-27.

⑤ 德国弗莱建筑集团弗莱堡 Eichelbuck 山顶展示馆[J].住区,2016(6):104-109.

物燃料依赖的减少从根本上减少了弗莱堡的城市碳排放。

（二）低碳生活

1. 低碳出行

正如上一节中对交通工具碳排放的论述可知，私家车通勤占交通运输业温室气体排放的绝大部分（单吉堃和张贺伟，2018）[1]。

面对这一事实，弗莱堡不同于墨尔本发展紧缩型城市的战略，弗莱堡政府依托小城市以及公众拥护低碳政策的优势，制定了限制私家车，扩大公共交通系统，完善自行车交通基础，改善步行环境的交通发展战略。

为达到这一目的，在交通规划上限制了私家车的便捷性和舒适度；大力发展城市公共交通，提高公共交通的便捷性和舒适性；为自行车建立一套完整且相对独立的系统；将步行系统与城市公共空间相结合，营造舒适的步行空间。

为降低城市居民对驾车出行这种通勤方式的依赖，弗莱堡采取了多种限制私家车出行的措施，其中最核心的措施就是限制私家车的便捷性。首先，在步行区和机动车主干道之间设置了大量交通安宁区，这些交通安宁区将机动车的时速限制在 10 ～ 20 千米 / 小时，并规定每小时的汽车同行数量不得超过 200 ～ 300 辆，以保证步行者通行优先的原则，甚至在一些重要的邻近商业街和老城广场被限制了机动车的通行。[2]其次，严格规定了停车的时间和价格，在弗莱堡越靠近商业区中心，停车费用就越高，并且禁止长时间停车。[3]

在限制私家车的同时，弗莱堡大力发展公共交通。为保证公共交通的优越性，以弗莱堡著名的"可持续发展模范区"沃邦区为例，该社区的规划围绕公共交通展开，严格控制街区交通站点数量和距离，以方便居民使用公共交通。为提高公共交通的便捷性与舒适性，除了保证公共交通的准时准点外，弗莱堡还给予了公共交通先行的特权——当公交车遇到红灯时，自动感应装置会调整配时以保证公交车能够先行。

除此之外，为了鼓励市民使用自行车这种零排放的出行方式，弗莱堡

---

①　单吉堃，张贺伟.低碳城市建设的路径分析——以北京市为例［J］.学习与探索，2018（4）：126-130.

②　刘涟涟，陆伟.德国城市中心步行区规划策略——以弗莱堡为例［J］.国际城市规划，2013，28（1）：104-110.

③　郑婧，陈可石.德国弗莱堡绿色交通规划与策略研究［J］.现代城市研究，2014（5）：109-115.

在全市范围建立了完整的自行车交通系统，目前弗莱堡全市拥有总长为410千米的自行车道路，包括46千米的自行车专用通道，114千米的机动车道路沿线车道，120千米的郊区自行车通道以及130千米的其他可通行自行车达到通道。[①] 作为配套设施，弗莱堡市内建设了9000个自行车停车位，它们与公交站点整合在一起，方便了有公交转乘需求的市民。[②] 主要的火车站也可以停放1000辆自行车，而汽车停车位却不到200个。[③]

此外，弗莱堡还通过创建适宜步行的邻里中心，划定步行区、住宅区和交通安宁区等手段，将步行街、广场连接起来建立完整的步行交通体系，鼓励市民选择步行作为出行方式。如今，整个弗莱堡老城都是步行区，在市区环路以内的所有活动都能通过舒适的步行交通方便到达。

弗莱堡政府通过限制私家车，构建完整的公共交通—自行车—步行三级城市交通体系，成功引导市民选择了绿色低碳的出行方式。有数据显示，截至2009年，生活在沃邦的家庭70%选择了无私家车的生活方式。这些没有私家车家庭中81%曾经拥有过私家车，57%的家庭在搬到沃邦居住以后很快放弃了他们的私家车。[④] 根据相关数据（见表7-5），弗莱堡的整体低碳出行率在1999年达到了68%，根据弗莱堡的城市交通规划，这一数字将在2020年达到72%。[⑤]

表7-5　弗莱堡市民出行交通方式

单位：%

年份	交通出行方式			私家车	
	步行	自行车	公共交通	多人搭乘	单人搭乘
1982	35	15	11	9	29

① 李茁，施微娜.德国弗莱堡自行车交通系统的建设与管理［J］.城乡建设，2015（12）：79-81.

② 郑婧，陈可石.德国弗莱堡绿色交通规划与策略研究［J］.现代城市研究，2014（5）：109-115.

③ 高进宁.弗莱堡：欧洲的"阳光地带"［J］.中国减灾，2009（8）：35-37.

④ 陈曦.欧洲城市的低碳策略［J］.建筑创作，2010（3）：118-125.

⑤ 刘涟涟，陆伟.德国城市中心步行区规划策略——以弗莱堡为例［J］.国际城市规划，2013，28（1）：104-110.

续表

年份	交通出行方式				
	步行	自行车	公共交通	私家车	
				多人搭乘	单人搭乘
1999	23	27	18	6	26
2020	24	28	20	4	24

资料来源：http：//www.freiburg.de。

2. 垃圾处理

除了低碳出行，弗莱堡还鼓励对垃圾进行分类。

众所周知，垃圾分类看似简单，但如果没有公众的积极参与是无法实施的。但在弗莱堡的垃圾分类的思想早已深入人心，在大街小巷，尤其是居民区楼下，垃圾分选随处可见。其中绿色垃圾桶装纸张，棕色垃圾桶装有机垃圾，白色垃圾桶装玻璃瓶——公共区域对不同颜色的瓶子还有分类，黄色塑料袋装塑料及金属垃圾，紫色垃圾桶则装不属于前述的垃圾。环卫公司将这些垃圾回收后还会再细分为十种，分别处理。

绿色垃圾桶中的废纸在经过环卫公司的收集后进入到废纸回收工厂中进行再处理，得到合格的用于新纸的生产，弗莱堡 80% 的用纸都是由可回收的废纸加工而成的。[①]

Paper Calculator 基于生命周期评估（LCA），测算出生产 1 吨原生纸浆复印纸将排放二氧化碳 2.58 吨，污水 86.79 立方米，固体垃圾 1.03 吨，而使用回收的废纸生产，则废弃物排放量将大幅减少，排放二氧化碳 1.63 吨，污水 46.98 立方米，固体垃圾 0.52 吨，分别下降了 37.05%、45.87% 和 49.30%（见表 7-6）。

表 7-6　原生纸浆与回收纸消耗的资源与排放的有害物质比较

	100% 原生纸浆	100% 回收纸	节约资源/减少排放
木材消耗（吨）	3	0	3
能源消耗（千瓦）	11134	6446	4688

---

① 符玉琴.弗莱堡的低碳经验对海南低碳城市发展的启示[J].科技创业月刊,2013,26(1):33-36.

	100% 原生纸浆	100% 回收纸	节约资源 / 减少排放
二氧化碳排放（吨）	2.58	1.63	0.96
污水排放（立方米）	86.79	46.98	39.81
固体垃圾（吨）	1.03	0.52	0.51

资料来源：https：//c.environmentalpaper.org/。

弗莱堡通过废纸再利用不仅变废为宝，而且减少了碳排放。除了直接减少的碳排放，根据前两节的介绍可知，能源和用水的节约都将间接减少碳排放。

棕色垃圾桶中的有机垃圾经过堆肥，运用垃圾发酵技术产生沼气，沼气将送往修建在兰德瓦萨区的热电联产站用于发电。2006 年弗莱堡对回收的将近 12500 吨的有机废料进行集中堆肥处理，此举产生了 700 万千瓦时的电能，满足 2000 户居民的用电需求，同时也减少了 5000 吨有害二氧化碳的排放。

弗莱堡不仅重视垃圾的资源化，也非常重视垃圾的减量化。政府通过许多激励方法鼓励市民控制垃圾量。比如降低住户的垃圾处理费，对居民自行对垃圾堆肥的行为进行补贴。这些措施保证了弗莱堡的人均垃圾丢弃量大大低于全国水平。减少垃圾不但减少了垃圾处理过程中产生的碳排放，而且从根本上减少了生产过程中的碳排放。

三、通往可持续发展

自 18 世纪以来，工业革命空前地提高了社会生产力，到 19 世纪中叶，马克思和恩格斯不禁发出感叹；"资产阶级在它的不到一百年的阶级统治中所创造的生产力，比过去一切世代创造的全部生产力还要多，还要大。"人类运用工具从适应自然到改造自然，甚至妄图征服自然。虽然在征服自然的战役中获得过阶段性的胜利，但这些胜利都迎来了自然界的报复。正如雷希尔·卡逊（Rachel Carson）在《寂静的春天》一书中描述的那样，人类用农业和杀虫剂征服了自然，让自然按照人类的意志一直运行，但最终对人类赖以生存的生态系统造成了不可挽回的伤害。

　　诞生于工业文明的发展观已经不适应如今人类的发展，可持续发展观正是对传统发展观的反思。

　　践行低碳理念正是一条通往可持续发展的道路，而践行低碳理念离不开正确的城市发展理念。

　　城市作为迄今为止最大的人类造物，连接人类社会和自然界的枢纽，是践行低碳理念的最佳物质载体，低碳城市是实现低碳发展的必由之路。

　　弗莱堡虽然只是一个欧洲小城，人口不过20多万，但它在清洁能源应用、低碳生活等领域做出的努力，为全世界低碳城市的发展提供了指引，为世界的低碳发展提供了宝贵的经验。

　　全球温室气体要实现净零排放从来不是一步到位的，这需要每一个城市对低碳理念的践行，当每一个城市都成为了低碳城市，《巴黎协定》中全球温室气体要实现净零排放的目标也就能实现了，世界也就实现了可持续发展。这就是通往可持续发展之路。

参考文献

［1］阿瑟·奥沙利文.城市经济学［M］.周京奎译.北京：北京大学出版社，2015.

［2］包红军.浅谈绿色循环低碳交通运输［J］.物流工程与管理，2014，6（8）：116-117.

［3］曹孜，彭怀生，鲁芳.工业碳排放状况及减排途径分析［J］.生态经济，2011（9）：40-45.

［4］柴泾哲.基于低碳的城市交通发展路径研究［D］.合肥：合肥工业大学，2015.

［5］陈飞，诸大建，许琨.城市低碳交通发展模型、现状问题及目标策略——以上海市实证分析为例［J］.城市规划学刊，2009（6）：39-46.

［6］陈诗一.中国碳排放强度的波动下降模式及经济解释［J］.世界经济，2011（4）：124-143.

［7］程钢.中外低碳交通运输发展的差异比较与借鉴［J］.对外经贸实务，2016（7）：27-30.

［8］池熊伟.我国低碳交通的发展现状及对策建议［J］.经济论坛，2012（4）：147-149.

［9］崔铁宁，鲁婷.城市居民交通出行碳交易体系研究——以北京为例［J］.科学管理研究，2015（24）：244-250.

［10］戴莉.北京市供热还有很大的节能减排空间［J］.节能与环保，2014（2）：44-48.

［11］范丹，王维国.基于低碳经济的中国工业能源绩效及驱动因素分

析［J］.资源科学，2013，35（9）：1790-1800.

［12］范丹，王维国.中国区域全要素能源效率及节能减排潜力分析［J］.数学的实践认识，2013，43（7）：12-21.

［13］冯相昭，蔡博峰.中国道路交通系统的碳减排政策综述［J］.中国人口·资源与环境，2012，22（8）：10-15.

［14］高卫东，姜巍.经济发展对中国能源碳排放空间分布的影响［J］.辽宁工程技术科学学报，2009，28（2）：296-299.

［15］郭杰，伊文婧.中国低碳交通发展的几点思考［J］.中国能源，2013，35（10）：40-44.

［16］国涓，刘长信，孙平.中国工业部门的碳排放：影响因素及减排潜力［J］.资源科学，2011，33（9）：1631-1640.

［17］胡初枝等.中国碳排放特征及其动态演进分析［J］.中国人口·资源与环境，2008，18（3）：38-42.

［18］胡秀莲，刘强，姜克隽.中国减震部门碳排放的技术潜力分析［J］.中外能源，2007，12（4）：18.

［19］胡垚，吕斌.大都市低碳交通策略的国际案例比较分析［J］.国际城市规划，2012，27（5）：102-111.

［20］江家丰.城市交通低碳发展模式研究［D］.长安：长安大学，2013.

［21］柯水发，王亚，陈奕钢等.北京市交通运输业碳排放及减排情景分析［J］.中国人口·资源与环境，2015，25（6）：81-88.

［22］郎春雷.全球气候变化背景下中国产业的低碳发展研究［J］.社会科学，2009（6）：39-47.

［23］李保华.低碳交通引导下的城市空间布局模式及优化策略研究——以郑州为例［D］.西安：西安建筑科技大学，2013.

［24］李健.中国碳排放强度与经济结构的关联分析［J］.中国人口·资源与环境，2012，22（1）：7-14.

［25］李理.城市交通绿色低碳发展评价研究［D］.长沙：长沙理工大学，2014.

［26］李姗姗.发达国家发展低碳交通的政策法律措施及启示［J］.山西财经大学学报，2012，34（1）：186-189.

［27］李艳梅，张雷，程晓凌.中国碳排放变化的因素分解与减排途径分析［J］.资源科学，2010，32（2）：218-222.

［28］李云燕，羡瑛楠.北京市低碳交通发展现状、问题与对策研究［J］.中国发展，2014，14（4）：13-18.

［29］李振宇，李超，尹志芳.德国和日本交通碳排放发展及对中国的启示［J］.公路与汽运，2014（1）：35-38.

［30］梁娅楠.北京市低碳交通实证研究［D］.北京：首都经济贸易大学，2015.

［31］刘春兰，陈操操，陈群等.1997年至2007年北京市二氧化碳排放变化机理研究［J］.资源科学，2010，32（2）：235-241.

［32］刘红光，刘卫东.中国工业燃烧能源导致碳排放的因素分解［J］.地理科学进展，2009（2）：285-292.

［33］刘龙政，潘照安.中国物流产业碳排放驱动因素研究［J］.商业研究，2012（7）：189-196.

［34］刘蔚.城市居民低碳出行的影响因素及引导策略研究［D］.北京：北京理工大学，2014.

［35］刘文宇.北京市发展低碳交通的前景分析［J］.综合交通，2010（9）：37-40.

［36］刘小明.北京市低碳交通体系发展战略［J］.建设科技，2010（17）：18-20.

［37］刘小明.建立宜居绿色的城市交通模式［J］.交通运输系统工程与信息，2005，5（6）：27-30.

［38］卢愿清，史军.中国第三产业能源碳排放影响要素指数分解及实证分析［J］.环境科学，2012，33（7）：2528-2532.

［39］陆化普.城市绿色交通的实现途径［J］.城市交通，2009，7（6）：23-27.

［40］罗辉.城市公共交通系统低碳发展模式及其评价研究 —— 以城市公共汽车交通为例［D］.长沙：长沙理工大学，2013.

［41］马静，柴彦威，刘志林.基于居民出行行为的北京市交通碳排放影响机理［J］.地理学报，2011，66（8）：1023-1032.

［42］马晓芸.低碳城市建设的发展途径研究 —— 以杭州市为例［J］.区域经济，2010（8）：48-49.

［43］欧阳斌，李忠奎，凤振华.低碳交通运输规划研究现状、问题及展望［J］.中国流通经济，2014（9）：13-20.

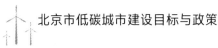

北京市低碳城市建设目标与政策

［44］潘海啸.低碳城市交通与土地使用5D模式［J］.建设科技，2010（17）：30-32.

［45］潘雄锋，舒涛，徐大伟.中国制造业碳排放强度变动及其因素分解［J］.中国人口·资源与环境，2011，20（5）：101-105.

［46］庞至宇.低碳城市交通系统的规划策略［J］.民营科技，2010（9）：300.

［47］彭鹏.城市低碳交通评价指标体系及实现途径研究［D］.北京：北京交通大学，2013.

［48］尚红云，蒋萍.中国能源消耗变动影响因素的结构分解［J］.资源科学，2009，31（2）：214-223.

［49］沈丹进.北京市道路客运交通低碳发展路径研究［D］.北京：北京理工大学，2015.

［50］施晓清，李笑诺，杨建新.低碳交通电动汽车碳减排潜力及其影响因素分析［J］.环境科学，2013，34（1）：385-394.

［51］苏城元.基于低碳发展模式的城市交通结构优化研究［D］.上海：上海交通大学，2012.

［52］孙艳艳，吕志坚.北京市公共自行车发展对策研究［J］.城市管理与科技，2013（5）：28-30.

［53］谭丹，黄贤金，胡初枝.我国工业行业的产业升级与碳排放关系分析［J］.四川环境，2008，27（2）：74-79.

［54］王锋，吴丽华，杨超.中国经济发展中碳排放增长的驱动因素研究［J］.财经研究，2010（2）：123-135.

［55］王群伟，周德群，周鹏.区域二氧化碳排放绩效及减排放潜力研究——以我国主要工业省区为例［J］.科学学研究，2011，29（6）：868-882.

［56］王仁杰，魏艳楠，许伦辉.基于低碳模式下的城市客运交通结构优化研究［J］.交通信息与安全，2015，33（5）：16-22.

［57］王铮，朱永彬.我国各省区碳排放量状况及减排对策研究［J］.战略与决策研究，2008，23（2）：109-115.

［58］王中英，王礼茂.中国经济增长对碳排放的影响分析［J］.安全与环境学报，2006，6（5）：88-90.

［59］卫蓝，包路林，王建宙.北京低碳交通发展的现状、问题及政策措施建议［J］.公路，2011（5）：209-213.

［60］魏静，于志强.低碳制度论［M］.北京：中国环境出版社，2015.

［61］肖红波，易思蓉.我国城市综合交通系统发展模式初探［J］.现代城市研究，2006（11）：75-80.

［62］谢菲菲.城市交通碳排放量影响因素与低碳交通发展研究［D］.北京：北京交通大学，2013.

［63］邢芳芳等.北京终端能源碳消费清单与结构分析［J］.环境科学，2007（9）：1918-1923.

［64］熊焰.低碳之路——重新定义世界和我们的生活［M］.北京：中国经济出版社，2010.

［65］宿凤鸣.低碳交通的概念和实现途径［J］.综合运输，2010（5）：13-17.

［66］徐国泉，刘则渊，姜照华.中国碳排放的因素分解模型及实证分析：1995~2004［J］.中国人口·资源与环境，2006，16（6）：158-161.

［67］许广月，宋德勇.中国碳排放环境库兹涅茨曲线的实证研究：基于省域面板［J］.中国工业经济，2010（5）：37-47.

［68］许广月.中国能源消费、碳排放与经济增长关系的研究［D］.武汉：华中科技大学，2000.

［69］闫理.低碳城市交通建设中的法制缺失及供给［D］.浙江农林大学，2014.

［70］闫丽丽.低碳视角下的北京市客运交通结构优化研究［D］.北京：北京交通大学，2015.

［71］杨顺顺.中国工业部门碳排放转移评价及预测研究［J］.中国工业经济，2015，6（6）：55-67.

［72］姚亮，刘晶茹.中国八大区域间碳排放转移研究［J］.中国人口·资源与环境，2010，20（12）：16-19.

［73］余柳，刘莹.北京市交通结构合理发展模式及策略研究［J］.城市交通，2013，11（6）：66-74.

［74］张雷，黄园淅.中国经济产业结构节能潜力分析［J］.中国软科学，2008（5）：27-34.

［75］张清，陶小马，杨鹏.特大型城市客运交通碳排放与减排对策研究［J］.中国人口·资源与环境，2012，22（1）：35-42.

［76］张陶新，周跃云，赵先超.中国城市低碳交通建设的现状与路径分

析［J］.城市发展研究，2011，18（1）：68-73.

［77］张铁映.城市不同交通方式能源消耗比较研究［D］.北京：北京交通大学，2010.

［78］张新，张毅，郑晓彬.基于供给侧结构性改革的低碳交通体系研究［J］.北京联合大学学报（人文社会科学版），2016，14（2）：104-111.

［79］张秀媛，杨新苗，闫琰.城市交通能耗和碳排放统计测算方法研究［J］.中国软科学，2014（6）：142-150.

［80］赵敏，张卫国，俞中立.上海市能源消费碳排放分析［J］.环境科学研究，2009，22（8）：985-988.

［81］赵荣钦，黄贤金，高珊等.江苏省碳排放清单测算及减排潜力分析［J］.地域研究与开发，2013，32（2）：109-115.

［82］郑长德，刘帅.产业结构与碳排放：基于中国升级面板数据的实证分析［J］.开发研究，2011（2）：27-33.

［83］周五七，聂鸣.中国工业碳排放效率的区域差异研究［J］.数量经济技术经济研究，2012（9）：58-70.

［84］朱高洁.北京市低碳发展路径研究［D］.北京：中国地质大学，2013.

［85］朱勤，彭希哲，陆志明等.人口与消费对碳排放影响的分析模型与实证［J］.中国人口·资源与环境，2010，20（2）：98-102.

［86］朱永彬等.我国经济结构演变趋势及其减排潜力分析［J］.中国软科学，2013（2）：35-42.

［87］诸大建.低碳的启蒙［M］.上海：同济大学出版社，2011.

［88］诸大建.绿色的创新［M］.上海：同济大学出版社，2008.

［89］诸大建.中国发展3.0［M］.上海：同济大学出版社，2010.

［90］Ang B W, Zhang F Q, Choi K H. Factoring Changes in Energy and Environmental Indicators through Decomposition［J］. Energy, 1998, 23（6）：489-495.

［91］Ang B W. The LMDI Approach to Decomposition Analysis a Practical Guide［J］. Energy Policy, 2005（33）：867-871.

［92］Bento A M, Cropper M L, Vinha K. The Effects of Urban Spatial Structure on Travel Demand in the United States［R］. Policy Research Working Paper, 2005, 87（3）：466-478.

［93］Bojic M. How to Live in a Lowcarbon Life：The IndividualGuide to Tackling Climate Change［J］. Energy, 2011, 36（2）: 1375-1375.

［94］Claudia S. Using Logarithmic Mean Divisia Iindex to Analyze Changes in Use and Carbon Dioxide Emissions in Mexico's Iron and Steel Industry［J］. Economics, 2010（11）: 1337-1344.

［95］Creutzig F, McGlynn E, Minx J, Edenhofer O. Climate Policies for Road Transport Revisited（Ⅰ）: Evaluation of the Current Framework［J］. Energy Policy, 2011（39）: 2396-2406.

［96］David Banister. The Sustainable Mobility Paradigm［J］. Transport Policy, 2008, 15（2）: 73-80.

［97］Fan Y. Changes in Carbon Intensity in China Empirical Findings from 1980-2003［J］.Ecological Economics, 2007（62）: 683-691.

［98］Fan Ying, Liu L C, Wu Gang, Wei Y M. Analyzing Impact Factors of CO Emissions Using the STIRPAT Model［J］. Environmental Impact Assessment Review, 2006, 26（4）: 377-395.

［99］Grossman, Gene M, Krueger, Alan B. Environmental Impacts of the North American Free Trade Agreement［J］. NBER Working Papers 3914, National Bureau of Economic Research, 1991.

［100］L Jones, R Manuelli. A Positive Model of Growth and Pollution Controls［J］. Social Science Electronic Publishing, 1997, 23（2）: 23-33.

［101］Loo B P Y, Li L. Carbon Dioxide Emissions from Passenger Transport in China Since 1949：Implications for Developing Sustainable Ttransport［J］. Energy Policy, 2012, 50（6）: 464-476.

［102］LR Gale, JA Mendez.The Empirical Relationship Between Trade, Growth and the Environment［J］. Medicine & Science in Sports & Exercise, 2013, 45（12）: 2362-2368.

［103］Messenger T, Ewing R. TransitOriented Development in the Sun Belt［J］. Transportation Research Record Journal of the Transportation Research Board, 1996, 1552（1）: 145-153.

［104］Peters G, C. L Weber, D. Guan, K. Hubacek. China Growing CO Emissions：A Race between Lifestyle Changes and Efficiency Gains［J］. Environmental Science and Technology, 2007, 41（17）: 5939-5944.

［105］S Ambec, P Barla. Can Environmental Regulations be Good for Business? An Assessment of the Porter Hypothesis［J］.Energy Studies Review, 2005, 14（2）: 601-610.

［106］Steckel J, Jakob M, Marschinski R, Luderer G. From carbonization to Decarbonization? Past Trends and Future Scenarios for China's CO_2 Emissions［J］. Energy Policy , 2011, 39（6）: 3443-3455.

［107］Svante Arrhenius. On the Influence of Carbonic Acid in the Air upon the Temperature of the Ground［J］. London, Edinburgh and Dublin Philosophical Magazine and Journal of Science, 1896, 41（5）: 237-276.

［108］Tol R S J, Pacala S W, Socolow R H. Understanding LongTerm Energy Use and Carbon Dioxide Emissions in the USA［J］. Journal of Policy Modeling, 2009, 31（3）: 425-445.

［109］Treasury H M. Stern Review On the Economics of Climate Change［J］. South African Journal of Economics, 2007 , 75（2）: 369-372.

［110］Wang C. Decomposing Energy Productivity Change A Distance Function Approach［J］.Energy, 2007（32）: 1326-1333.

［111］Wang W W, Zhang M, Zhou M. Using LMDI Method to Analyze Transport Sector CO Emissions in China［J］.Energy, 2011, 36（10）: 5909-5915.

［112］Wu H Y, Liu R H, Zhang R. A Sustainable Travel Model Choice Target for Beijing : What Can Policies and Strategies Achieve［J］. Communication and Transportation Systems Engineering and Information, 2005（4）: 105-112.

［113］Zhang C, Jiang N. Panel Estimation for Transport Sector CO Emissions and Its Affecting Factors : A Regional Analysis in China［J］. Energy Policy, 2013, 63（4）: 918-926.

［114］Zhanghang, Wanjun. Research on the Development Mode of Slow Traffic System in Cities Based on Low-carbon Concept. Agenda of the 7th International Conference on Innovation and Management-ICIM 2010, Wuhan, China, 2010.

［115］Zhang J F, Deng W. Industrial Structure Change and Its Ecoenvironmental Influence since the Establishment of Municipality in Chongqing, China［J］. Procedia Environmental Sciences, 2010（2）: 517-526.

后　记

　　本书是我承担的北京市教育委员会社科计划面上项目"北京市低碳城市建设目标与政策"结题成果，也是课题组成员多年劳动的结晶。

　　参与本书编写的作者依次为：第一章：单吉堃；第二章：张亚军、单吉堃；第三章：张亚军、单吉堃；第四章：刘兆龙、单吉堃；第五章：张亚军、单吉堃；第六章：张贺伟、单吉堃；第七章：吴一琦、单吉堃。本书由单吉堃统稿、定稿。

　　因为课题研究持续时间比较长，碳排放的数据获得的难度较大，所以部分数据未能更新到最新的数据。我们对低碳城市的研究还不是很深入，期待着各位专家同仁批评指导。

　　本书在出版过程中得到经济管理出版社宋娜老师的大力帮助，在此表示衷心感谢！

单吉堃

2019 年 9 月 28 日